图书情报与信息管理实验教材

排版软件应用教程

Layout Design Software Application Tutorials

许洁　仲世强　卫乐文　编著

图书在版编目(CIP)数据

排版软件应用教程/许洁,仲世强,卫乐文编著.—武汉:武汉大学出版社,2016.4

图书情报与信息管理实验教材

ISBN 978-7-307-17605-8

Ⅰ.排… Ⅱ.①许… ②仲… ③卫… Ⅲ.电子排版—应用软件—高等学校—教材 Ⅳ.TS803.23

中国版本图书馆CIP数据核字(2016)第030908号

责任编辑:詹 蜜　　责任校对:汪欣怡　　版式设计:韩闻锦

出版发行:**武汉大学出版社**　(430072 武昌 珞珈山)

(电子邮件:cbs22@whu.edu.cn 网址:www.wdp.com.cn)

印刷:湖北金海印务有限公司

开本:720×1000 1/16　印张:12.75　字数:226千字　插页:1

版次:2016年4月第1版　2016年4月第1次印刷

ISBN 978-7-307-17605-8　定价:25.00元

序言

随着社会的进步和媒体技术的发展，人们对出版物版式的审美要求越来越高，排版是否美观，直接影响读者对出版物质量的评价。InDesign 作为图文处理知名公司 Adobe 开发的一款专门用于设计印刷品和数字出版物版式的软件，以其完善的排版功能，便捷的工作模式及与 Adobe 旗下其他软件良好的兼容性能获得了市场的广泛认可。目前，介绍 Adobe InDesign 软件的教程琳琅满目、种类繁多，但这些教程大多过于复杂、面面俱到，围绕软件功能详尽论述，缺少针对不具备排版基本知识和技能的零起点读者的简单易用、容易上手的指导性书籍。

《排版软件应用教程》是与高等学校编辑出版学专业“出版装帧设计”课程配套的实验教材，主要面向非装帧设计专业的本科生。本教程最大的特点是简单易学，采用“教程+案例”的编写模式，将软件的基本操作技巧通过案例串联起来，只讲授最基本的功能与应用。通过对本教程的学习，零起点的读者也可以在短时间内掌握最基本的排版技巧，制作出基本的书籍、杂志及电子出版物版面。如果读者对此有兴趣，在学习完本教程之后可以自学市面上其他 Adobe InDesign 教程，以提高其操作技能。

本应用教程分为两编，第一编“排版校对基础知识”，主要讲授版面设计的原理与流程和校对的基本知识；第二编“Adobe InDesign 版式设计与制作”，围绕软件介绍、文档基本操作、绘制与编辑图形、置入与编辑图像、输入与格式化文本、制作表格、长内容的设置与管理 7 个方面设计专题实验，旨在帮助编辑出版学专业的学生掌握包括图书、期刊、报纸、电子书在内的出版物装帧设计基础知识和基本技能，提高对版式艺术和装帧设计的鉴赏能力。

本教程第 4 章、第 5 章由仲世强执笔，第 6 章、第 8 章由卫乐文执笔，其余章节由许洁执笔，全书由许洁统稿，李希晨在搜集资料、文档校对等方面做出了贡献。在编写过程中，不可避免地使用了一些来源于互联网且经努力寻找仍无法确定出处的图片和素材，在此向这些素材的原作者表示感谢。

由于时间仓促，加之水平有限，书中难免错误和疏漏之处，敬请广大读者批评指正。

编者

2015 年 12 月 23 日

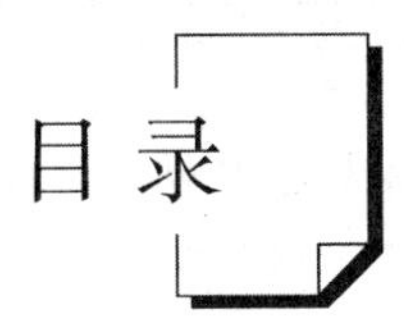

第一编　排版校对基础知识

第二编　Adobe InDesign 版式设计与制作

第一编　排版校对基础知识

第 1 章　主流编校软件介绍

信息技术的进步已经促使期刊的排版任务可以借助计算机完成，多种桌面排版软件和图像处理软件，为我们排版校对提供了多种手段。

1.1　以文字为主的排版软件——方正飞腾

北大方正飞腾排版系统是北大方正出版系统公司针对广大报社、期刊社和出版社用户需求开发的专业排版软件，它支持文字、图形、图像的集成化处理，使用方便，适用于页面设计、专业化排版。该软件提供图文互斥的排版功能，分栏方式的图文绕排符合中文阅读习惯。

方正飞腾软件在中文文字处理上具备优势，同时具备处理图形、图像的强大能力。它整合了全新的表格、GBK 字库、排版格式、对话框模板、插件机制等功能，保证彩色版面设计的高品质和高效率。可以分页和分栏、设定表头、创建反表和阶梯表，以及灌文顺序多样化等。方正飞腾软件提供了丰富的画图工具，以及十多种线形。同时，圆角、矩形之圆角弧度可任意改变，通过花边、底纹和渐变功能，可以画各种图案，甚至可以形成立体的效果。这些强大功能为报纸、商业杂志等彩色出版提供了很大便利，又符合国人习惯。对于高质量的彩色出版作业，图像处理是必不可少的重要部分。方正飞腾支持十多种图像格式，能对图像进行裁剪、黑白图上色、设置勾边和立体底纹等操作，并通过图像管理工具对版面中所有图片进行统一管理、控制，配合专色处理、屏幕校色、分色输出等彩色功能，确保彩色制作出版的高品质。

在不同版本的 Windows 系统环境中，方正飞腾均可以运行，充分利用系统资源提高了软件系统的工作效率，同时，飞腾具备网络备份、自动存盘等功能，以保障系统运行更加稳定、可靠。方正飞腾易学好用，编排效果丰富，功能强大，以及丰富的字体、漂亮的彩色大样、所见即所得的交互界面，能够保证印刷效果的准确性，从而降低整个出版过程的成本。

总的来说，飞腾在处理图书和报纸的文字编辑和排版工作中比较适合，但其图文处理效果较差，不是彩色铜版纸期刊排版的理想软件。

1.2　图像编辑软件——Adobe Photoshop

Photoshop 是 Adobe 公司推出的大型图像处理软件。它功能强大，操作界面友好，得到了广大第三方开发厂家的支持，从而也赢得了众多用户的青睐。Photoshop 特别适合处理“位图”，即由点阵组成的图像。

从功能上看，Photoshop 可分为图像编辑、图像合成、校色调色及特效制作部分。

1. 图像编辑

图像编辑是图像处理的基础，可以对图像做各种变换，如放大、缩小、旋转、倾斜、镜像、透视等；也可进行复制、去除斑点，以及修补、修饰图像的残损等。这在婚纱摄影、人像处理制作中具有重要用途，去除人像上不满意的部分，进行美化加工，得到让人非常满意的效果。

2. 图像合成

图像合成则是将几幅图像通过图层操作、工具应用合成完整的、传达明确意义的图像，这是美术设计的必经之路。Photoshop 提供的绘图工具让外来图像与创意很好地融合，使图像的合成天衣无缝。

3. 校色调色

校色调色是 Photoshop 中颇具威力的功能之一，可方便快捷地对图像的颜色进行明暗、色编的调整和校正，也可在不同颜色进行切换以满足图像在不同领域如网页设计、印刷、多媒体等方面应用。

4. 特效制作

特效制作在 Photoshop 中主要由滤镜、通道及工具综合应用完成。包括图像的特效创意和特效字的制作，如油画、浮雕、石膏画、素描等常用的传统美术技巧都可借由 Photoshop 特效完成。而各种特效字的制作更是很多美术设计师热衷于 Photoshop 研究的原因。

1.3　图文混排软件——PageMaker 与 CorelDraw

1.3.1　PageMaker

PageMaker 是 Adobe 公司的入门级排版工具软件，它操作简便但功能全面。借助丰富的模板、图形及直观的设计工具，用户可以迅速入门。目前诸多广告公司、报社、制版公司、印刷厂等都已采用了 PageMaker 作为图文编排的首选软件。

PageMaker 提供了一套完整的工具，用来产生专业、高品质的出版刊物。其稳定性、高品质及多变化的功能特别受到使用者的赞赏。PageMaker 操作简便但功能全面。其借助丰富的模板、图形及直观的设计工具，成为平面设计与制作人员的理想伙伴。主要用来处理图文编辑、菜单全中文化，界面及工具的使用十分的简洁灵活，对于初学者来说很容易上手，用户可以迅速入门。另外，在 6.5 版中添加的一些新功能，使用户能够以多样化、高生产力的方式，通过印刷或是电子屏幕来出版作品。PageMaker 在界面及使用上就如同 Adobe Photoshop，Adobe Illustrator 及其他 Adobe 的产品一样，使用户可以更容易地运用 Adobe 的产品。PageMaker 6.5 可以在 WWW 中传送 HTML 格式及 PDF 格式的出版刊物，同时还能保留出版刊物中的版面、字体以及图像等。在处理色彩方面也有很大的改进，提供了更有效率的出版流程。而其他的新增功能也同时提高了和其他公司产品的相容性。

1.3.2 CorelDraw

CorelDraw 是加拿大 Corel 软件公司产品。它是一个绘图与排版的软件，广泛应用于商标设计、标志制作、模型绘制、插图描画、排版及分色输出等诸多领域。作为一个强大的绘图软件，它广受欢迎，用作商业设计和美术设计的 PC 机几乎都安装了 CorelDraw。

CorelDraw 是基于矢量图的软件。它的功能可大致分为两大类：绘图与排版。它提供给设计者一整套的绘图工具，包括圆形、矩形、多边形、方格、螺旋线等；并配合塑形工具，对各种基本图作出更多的变化，如圆角矩形，弧、扇形、星形等；同时，也提供了特殊笔刷，如压力笔、书写笔、喷洒器等，以便充分地利用电脑处理信息量大，随机控制能力高的特点。为便于设计需要，CorelDraw 提供了一整套的图形精确定位和变形控制方案，这给商标、标志等需要准确尺寸的设计带来了极大的便利。颜色是美术设计的视觉传达重点；CorelDraw 的实色填充提供了各种模式的调色方案以及专色的应用、渐变、图纹、材质、网格的填充，颜色变化与操作方式更是别的软件都不能及的。而 CorelDraw 的颜色匹配管理方案让显示、打印和印刷达到颜色的一致。

CorelDraw 的文字处理与图像的输出输入构成了排版功能。文字处理是迄今所有软件里最为优秀的。其支持了绝大部分图像格式的输入与输出，几乎与其他软件可畅行无阻地交换共享文件。所以大部分用 PC 机作美术设计的都直接在 CorelDraw 中排版，然后分色输出。

1.4　排版天才软件——Adobe InDesign

Adobe 的 InDesign 是一个定位于专业排版领域的全新软件，虽然与前几款排版软件相比出现较晚，但在功能上更加完美与成熟。InDesign 博采众长，从多种桌面排版技术汲取精华，如将 QuarkXPress 和 Corel-Ventura（著名的 Corel 公司的一款排版软件）等高度结构化程序方式与较自然化的 PageMaker 方式相结合，为杂志、书籍、广告等灵活多变、复杂的设计工作提供了一系列更完善的排版功能。尤其该软件是基于一个创新的、面向对象的开放体系（允许第三方进行二次开发扩充加入功能），大大增加了专业设计人员用排版工具软件表达创意和观点的能力，功能强劲不逊于 QuarkXPress，比之 PageMaker 则更是性能卓越。此外，Adobe 与高术集团、启旋科技合作共同开发了中文 InDesign，全面扩展了 InDesign 适应中文排版习惯的要求，功能堪比北大方正飞腾软件（FIT）。

鉴于 InDesign 强大的图文排版功能，与 Adobe 其他软件的兼容性和广泛的适用性，本实验教材将以 AdobeInDesign CS6 为例，重点介绍利用软件排版的基本方法和步骤。

第2章　版式设计基本知识

版式设计是指设计人员根据设计主题和视觉需求，在预先设定好的有限版面内，运用造型要素和形式原则，根据特定主题与内容的需要，将文字、图片(图形)及色彩等视觉传达信息要素进行有组织、有目的的组合排列的设计行为与过程①。版式设计的应用范围，涉及报纸、刊物、书籍(画册)、产品样本、挂历、招贴画、唱片封套和网页页面等平面设计各个领域。

点、线、面是构成视觉空间的基本元素，也是排版设计上的主要语言。排版设计实际上就是如何经营好点、线、面。不管版面的内容与形式如何复杂，但最终可以简化到点、线、面上来。在平面设计家眼里，世上万物都可归纳为点、线、面。一个字母、一个页码数可以理解为一个点；一行文字、一行空白，均可理解为一条线；数行文字与一片空白，则可理解为面。它们相互依存、相互作用，组合出各种各样的形态，构建成一个个千变万化的全新版面。

版式设计的基本元素为文本和图形，要在有限版面中最优化地传达信息，影响受众。美学特征是其重要因素，即结构、色彩、光影、虚拟空间与想象空间等要素的编排指引，使小区域蕴藏深内涵，承载时代与社会倡导的主流意识与情绪。

2.1　版面的大小

在书籍、期刊、海报等装帧设计中，开本指的是图书或期刊的大小及其长宽比例。开，就是一张整纸(即一个印张)的一面上可以容纳的图书或期刊的面数。一个印张的全张幅面裁成多少小张，就叫多少开。例如16开就是一个印张裁成16个小张，代表单个小张的面积是一整张的1/16。开本的大小决定了期刊的版面大小，这会直接影响期刊内容的展示方式和排版方式。当前国内

---

① 韩旭，周俊，李媛. 版式设计[M]. 北京：兵器工业出版社，2013：1.

外杂志多以大 16 开居多，也就相当于 A4 纸张大小(见表 2-1)。

表 2-1　　**GB/T 788—1999 书刊开本及幅面尺寸**

开本系列	未裁切单张纸尺寸	已裁切开本尺寸/mm	
		代号	公称尺寸(允差±1mm)
A	890×1240	A4	210×297
	890×1240	A5	148×210
	890×1240	A6	105×144
	900×1280	A4	210×297
	900×1280	A5	148×210
	900×1280	A6	105×144
B	1000×1400	B5	169×239
	1000×1400	B6	119×165
	1000×1400	B7	82×115

2.2　版面分割规律①

具体在进行版式设计时，一个贯穿始终的内容，就是分割版面。所谓分割版面，就是将内容的图像和文字安排在版心的不同位置。在分割期刊版面的时候，有一些规律和方法具有普遍的适应性，根据这些原则和方法分割出来的版面，往往能够容易达成视觉上的和谐。

2.2.1　黄金分割率

人们发现，越符合 1∶0.618 比例的设计，越符合人的美感。1∶0.618 也被称为“黄金比例”。大量心理学研究也证明，按照黄金比例分割的形体，在视觉上最能令人愉悦。在实际运用时，人们往往取其近似值，也就是 2∶3，3∶5，5∶8，8∶13(见图 2-1)。

① 版面的分割方法和规律部分内容参考徐柏荣著. 杂志编辑学[M]. 北京：中国书籍出版社，1991：276-281.

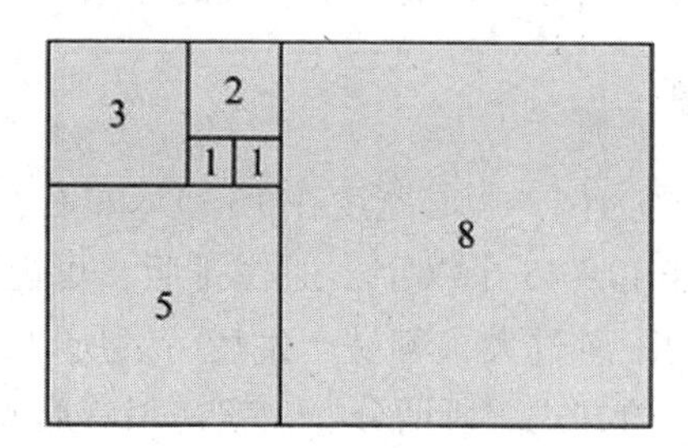

图 2-1 黄金分割率示例

2.2.2 三三分割率

除了黄金分割率之外，常用于平面设计的分割规律还有“三三分割率”。这种分割方法是在版面上，用两条竖线、两条横线交叉成“井”字形进行分割。按照三三分割律分割的版面，不仅可使人获得稳定均衡感，而且能恰到好处地引导人的视觉集中到整个版面的中心(见图 2-2)。

图 2-2 三三分割率示例

2.3 版面分割方法

安排版面时，不仅要遵循一定的分割规律，还要运用一定的常用方法。根据不同的分割方向，可以划分为栏的分割、段的分割和综合分割。

2.3.1　栏的分割

以常见的 16 开版面为例，版心宽度在 15 厘米左右，如果正文按照宋体五号字排版，每行可以排 40～45 个汉字，通栏排版，可能造成版面呆板。双眼阅读时从左到右活动的距离过大，容易产生疲劳。所以，在 16 开的期刊版面排版中，更多采用分栏的方式。所谓分栏，就是用有形或者无形的线条纵向地将版面分割成若干栏。最常见的是两栏或三栏。分栏不仅可以方便阅读，而且可以美化版面，使版面更具变化、更加丰富多样。有时，为了避免对称分栏太过沉闷，还可以采用偏分的办法打破视觉的平衡(见图 2-3)。

图 2-3　栏的分割示例

2.3.2　段的分割

段的分割是指用有形或者无形的横线，将版面横向风格成数段。大段的文字块阅读起来难免枯燥，容易造成视觉疲劳，因此在版面设计时，往往利用段的分割将文字打断，以获得视觉上的休息。栏的分割要求对称或者平衡，段的分割则不同。因为人眼视觉并不习惯上下对称的划分。在版面设计时，往往利用黄金分割率将上下版面分开，“上二下一”或者“上一下二”都是常见的分割方式。段与段之间的分割，可以利用有形的线条、无形的空白或者图片来进行。在加入上述元素时，应该注意版面的整体和谐，不宜杂乱。

2.3.3　综合分割

在一些开本较大的版面杂志上，往往采用纵向分割与横向分割并用的方法来使版面获得更多的变化。这种既分栏、又分段的版面分割方法，就称为综合分割(见图2-4)。

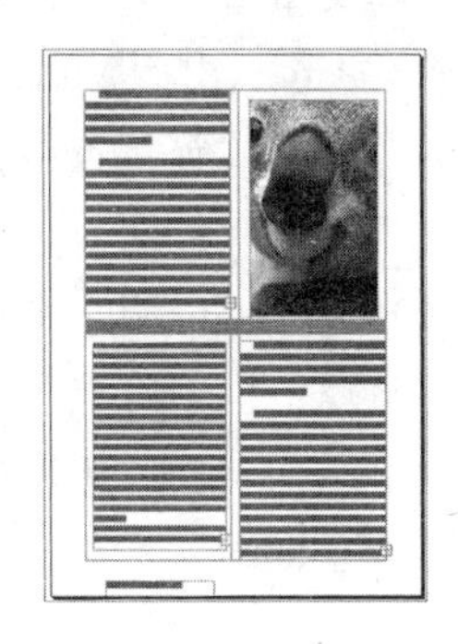
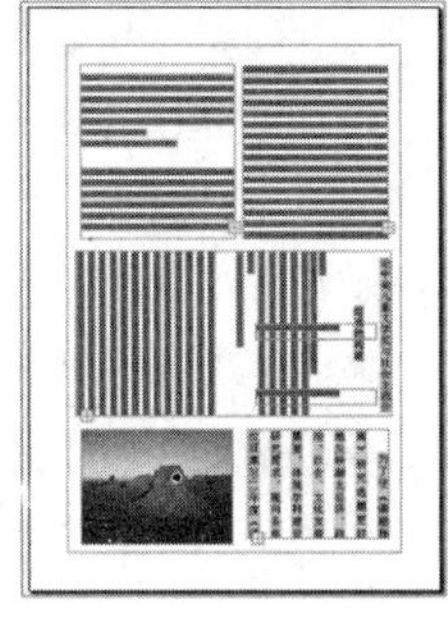

图2-4　综合分割示例

2.4　版式设计的流程

版式设计的主要流程可以分为四个阶段：确立风格、编辑文字、编排图片和版式组装。对于排版人员来说，图文编排和版式组装是期刊设计最主要的两个流程，也是我们将要详细讲述的内容。

2.4.1　确立风格

根据受众对象、承载内容和承担功能，平面设计作品可以划分为不同的类别，例如期刊、图书、广告、招贴、网页等。不同的平面设计作品有不同的风格，也受到不同的载体和传播方式限制，这些都会对版式设计构成影响。

以期刊为例，按照功能，可以分为学术期刊、文摘期刊、时尚期刊；按读者类别，可以分为少儿期刊、青年期刊、老年期刊、男性期刊、女性期刊等。每一种期刊都应该有自己独特的设计风格。学术期刊发表的文章通常是特定学科领域内经过同行评审的学术论文、通讯、研究报告、研究综述、书评等。学术期刊展示特定研究领域的最新研究成果，目的是为从事相关研究的人员架起一座沟通的桥梁，其发表的内容强调原创性和首发性。学术期刊排版应该注意提高版面利用率，使有限的版面发挥最大效益。为了达到这个目的，学术期刊常常采用较小的字体，在版面空白处见缝插针地安排简讯、短文等篇幅较小的文章。在学术期刊中，装饰性插图和照片非常少见，有限的版面通常只会留给能够帮助读者理解文章内容的图表。公式排版也是学术期刊中的一个难点，尽管目前有许多带有公式编辑器的排版软件可以帮助我们实现美观的公式排版，但是在公式使用符号大小、与正文的对齐方式、连续公式的编排等方面仍然需要特别留心。文摘类期刊是指将原载于其他出版物的文章或原创性内容依据一定的主题、关系加以甄选、排列、评论，并以连续的形式出版。因为内容丰富、读者对象广泛、定价不高，零售订阅是其主要发行方式等特点，文摘类期刊的设计排版既需要考虑控制成本，又要兼顾美观实用。一般而言，文摘期刊的页数不会很多，拿在手上不会显得很厚重，用纸比较轻，以便于携带。文章配图往往采用装饰绘画、素描、漫画等，即使使用照片，也多以黑白的方式呈现，较少使用彩色插图。文摘期刊的封面设计会突出期刊名称，运用醒目的字体和色彩以达到让人一目了然的效果。

2. 4. 2　编辑文字

文字的编辑分为文字内容的加工和文本形式的美化两个方面，排版过程中的文本编辑主要是将文字植入版面，并对其呈现给读者的面貌和形态进行加工，使其易于阅读、突出主题、提升美感。在版式设计中，文字是以点、线、面的形式进行信息传递的图形符号。在期刊设计中，文字不仅是表达意义，传递信息的符号，而且还是表达情感的单位、设计的元素。通过设计师富有创意的编排，传达着信息并实现了读者与期刊、编者之间的情感交流。文字的编排形式同样也能像图形一样表达出某种情感来(见图 2-5)。因此编排文字时，在最大限度地发挥其传递信息作用的前提下，将文字图形化，把它看成是构成图形的要素，超越地域、文化背景的局限，把版面中的每个文字都作为一个设计元素来应用。

2. 4. 3　编排图片

确定了版面的风格和主要文字，设计的“骨架”就搭建起来了，接下来的一个重要步骤便是插图的编辑。

1. 分类处理插图

插图有不同的种类，按照排列方式，可以分为横图、竖图和侧图；根据尺寸大小，可以分为版内图(不超过版心)、超版心图(超过版心但小于开本)、出血版图(超过开本)；根据图片占据的栏目，可分为短栏图、通栏图和跨栏图；根据色彩和印刷，可以分为黑白插图和彩色插图(见图 2-6)。

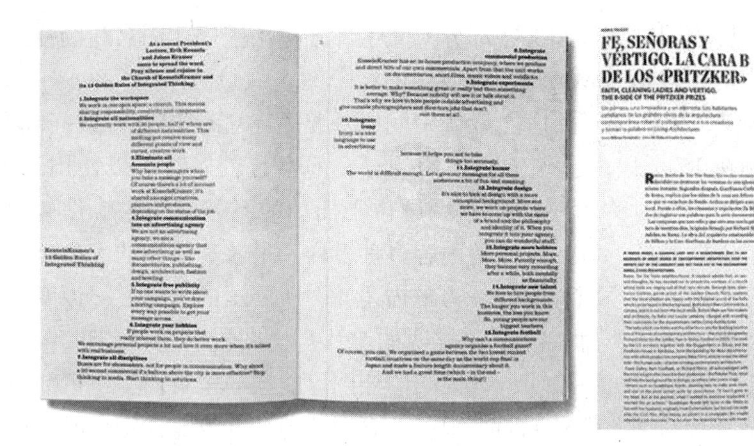

图 2-5　文字的创意编排

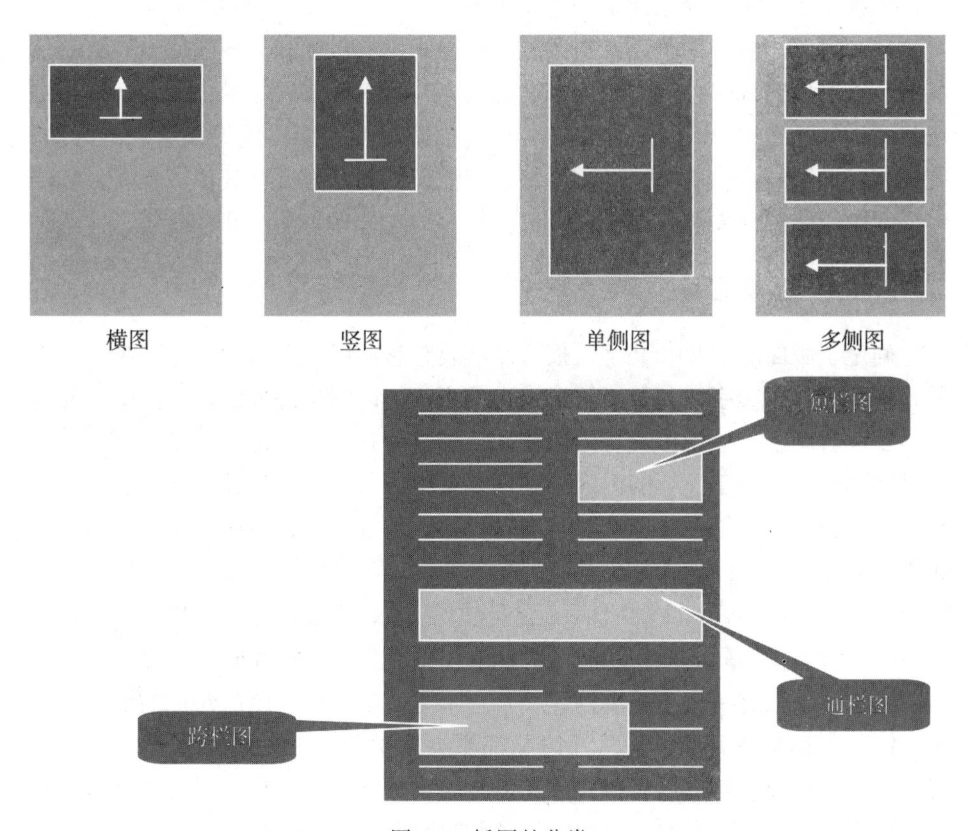

图 2-6　插图的分类

2. 添加图题与图注

插图一般分为图画部分和文字部分。文字部分包括图序、图名与图注三部分。当文章中出现多幅图时，就可以使用图序。图序一般表示为“图 1”，“图 1. 1”或“图 1-1”。图名位于图序之后，中间空一格，不能使用冒号或间隔号，一般字数控制在 15 个以内，句末不使用句号，但字数较多时可以使用逗号。图序与图名合在一起时称为“图题”，图题位于插图的下方。图注就是插图的说明，一般位于插图的下方，图注的内容多种多样。最普遍使用的图题包括以下几种：①说明内容，插图说明就是为了描述插图所展示的内容；②说明图中人物、地点、时间或摄影师，如一幅姚明的照片，插图说明为“姚明”；③综合说明，对多幅图加以统一说明，被说明的插图可能在一个页面，也可能在多个页面。不是所有的插图都有说明，很多杂志上的图片并没有插图说明，但在科学期刊上，所有的插图都必须有插图说明，而且通常是以图题的方式出现。写插图说明的一条最佳原则是：用充足的时间写出足够好的插图说明。精心编写的插图说明能够有助于读者从杂志中获得阅读的乐趣和更多的信息。有些情况下不需要插图说明，例如十分知名的人物，尽人皆知的场景，或者插图中的场景与人物已经被作者写入了文章标题。插图说明不能提供更多信息的时候，就不要写插图说明。有些情况需要加入图注，如图片来源于其他版权人，需要在图注中说明图片来源，如“新华图片社”、“美国国家地理图片库”。

2. 4. 4　版式组装

确定了版面的图片和文字，接下来就要将它们组合在一起，这就是版式组装。即将图片、文字等各种元素以一定的方式加以编排并放置在版面中，使版面易于读者阅读并体现出独特的风格和美感。版式组装要遵循一定的原则，首先是内容衔接。对于连续的内容要确保在连续的版面上编排，风格要统一。其次要注意起伏的效果。如果选择了头尾相接式的排版模式，还必须考虑如何安排内容顺序。通常的做法是篇幅较长的文章和篇幅较短的文章相互穿插，主题相同的文章尽量靠近，主要版面留给重点文章。再次要注意避免单字占行和单行占页。将大小不同的文字块、图片和表格组装到一个版面时，常常会出现最后一行文字里只有一个字或单词，一页最上方留出一个收尾的句子的情况。为了节约版面和整齐美观，这两种情况都要绝对避免。最后要注意大段文字对齐。插图图片或表格以后，一段完整的文字会被破坏，文字首尾可能会呈现锯齿形(英文排版更常见)，影响美观，后期处理时要注意使用连字符或强制换行方法来解决这一类问题。总之，版式组装应该记住以下原则：图随文走；图文相符；插图从简；文字规范；图文混排，避免集中。

习　题

一、多选题

1. 版面上栏的分割方法有哪些？（　　）

A. 通栏　　B. 两栏　　C. 三栏　　D. 跨栏

2. 插图的文字部分应包含哪些内容？（　　）

A. 图题　　B. 图序　　C. 图名　　D. 图注

3. 按照在版面上的排列方式，插图可以分为哪几种？（　　）

A. 横图　　B. 竖图　　C. 侧图　　D. 出血图

二、简答题

1. 常见的版面分割规律有哪些？
2. 版式设计的主要流程是什么？

参考答案

一、多选题

1. ABC　2. BCD　3. ABC

二、简答题

1. 黄金分割率、三三分割率。
2. 版式设计的主要流程可以分为四个阶段：确立风格、编辑文字、编排图片和版式组装。对于排版人员来说，图文编排和版式组装是期刊设计最主要的两个流程。

第3章 校对基本知识

校对工作的意义在于消除排版的缺漏、错误以及不准确、不统一、不完善之处，使其不出现在印刷或者发布出来的版面上。消除排版的缺漏、错误，主要指文字方面的缺漏、错误；消除不准确、不统一、不完善之处。校对的作用，在于消除文字、图片、版式等方面的排版问题。① 尽管计算机技术的发展已经在很大程度上替代了校对枯燥繁复的工作，但我们仍然有必要对校对基本知识和校对人员的基本职责进行了解，以便更好地利用计算机软件等辅助工具高效地完成校对。

3.1 校对人员的职责

校对人员的基本职责是对原稿负责(这里指的原稿是指经过编辑加工并发排的编发稿)。所谓对原稿负责，就是忠实地反映原稿上所书写和批注的一切内容，即通过校对，消灭校样上一切与原稿不符的文字、符号、标点、图表以及版式等错误。对原稿负责仅仅是对校对人员的基本要求，而不是最高要求。一个好的、尽责的校对人员，不但能够准确无误地核对原稿，而且能够发现原稿上可能存在的差错，并提出自己的修改意见，帮助编辑或作者校正。

在校对过程中，如果发现原稿有错误，校对人员最好不要擅自改正，可以把原稿上的错误记录下来，甚至提出改正意见，让编辑或作者自己校正。这样做既能忠于原稿，分清职责，又有利于核定原稿中的错误。如果校对人员自行做主，有时可能把本来不是错误的当成错误来处理，以致造成某些不应有的错误或损失。在工作实践中，可以设立“校对疑问表”制度，以解决校对过程中发现的原稿疑问和错误(见表3-1)。

① 徐柏容．期刊编辑学概论[M]．沈阳：辽海出版社，2001.

表 3-1 **校对疑问表**

篇名	校样页码	行数	原文	疑误根据	改正意见	编辑意见	主编批示	备考

3.2 校对的内容和流程

总的来说，校对就是要消除排版中的一切错误，包括排字的错误和版式的错误，并和编辑一起消除原稿中的残留错误。

3.2.1 校对的内容

(1)封面、扉页、版权页上所著录的项目内容是否齐全、正确、规范。

(2)校正校样上的错字、倒字及缺字，不要存在颠倒，多余或遗漏字句行段，以及接排、另行、字体、字号等差错。

(3)改正符号和公式的错误。

(4)外文单词转行是否规范。

(5)标点符号是否有错，注意校对数字大小、小数点、时间、缩略语是否错误。

(6)检查处理是否符合要求，标题、表题、图题有无偏斜，字体、字号是否统一；页码是否连贯，书眉有无，线粗细等。

(7)检索注解和参考文献的次序和正文所标号码是否吻合。

(8)注意插图、表格、数学公式、化学方式程式等位置是否恰当和美观；校正图的位置方位的平正。

(9)检查行距是否匀称，字距是否合乎规定。

(10)统一各级标题。

(11)目录顺序是否与文章顺序一致。

校样上的错误，除了原稿的错误之外，还有以下几种，值得校对人员注意：

错字：由于原稿字迹不清晰或勾画不清楚，或者字形相近而造成的排错错误。

遗漏：有时是漏掉了个别字、词，有时因为计算机输入操作不当，将本应该放在此处的语句放到了彼处。

颠倒：包括字与字的顺序颠倒和字的方位颠倒两种。字的顺序一颠倒，意思有可能完全改变甚至截然相反。

此外，校对还应该检查标题、表题、图题及公式有无偏斜、错位，字体、字号、格式是否合乎要求，序号是否连续或跳缺，外文字母和各种专用符号是否排印正确，大小写是否区分，图的位置是否合适，方向是否正确，图注中的说明文字与图中标记号是否相符。检查表的编排是否符合原意，备注栏内容是否有误，表线是否平直，接口有无断开。还应检查参考文献和各种注释的序号同文中相应处的序号是否一致；检查计量单位是否符合国家标准，外文转行是否符合转行规则；检查人名、地名、药名、国界、省界、行政区划等关键项目是否有误；对配方、浓度、剂量等特别数字要认真仔细地进行核对；对原稿中增补删改较大的地方应特别注意，检查衔接处是否有误，同时留心转页处和书写潦草的地方排印是否正确。①

要特别检查四大排版禁止要求：①标点符号不能领行；②独字不能排行；③文字转行；④转行不能破词。

3.2.2　校对程序

校对程序可以校次来说明，一般书刊所采取的是三校付印，实际为四校，出版社在初校之前，排版单位已进行过一次毛校，初校样是校组版后的校样。有的出版社将初校和二校合并起来，初校后不经改版，利用初校过的校样再进行二校，这样可以提高出书速度。

校对程序即交叉三校制，包括以下内容：

①一校(作者、责任编辑各校一次)：侧重对原稿校对，力求校样与原稿的一致，纠正版式错误，对有疑问处作出标示。校后通读一遍。要求作者不能对原稿做大的改动。

②二校(责任编辑、执行编辑各校一次)：校对时要确定一校校出错误已改正，纠正版式错误，并对文稿中的疑问予以处理，填补遗缺，统一体例。

③三校(执行编辑校一次)：校对时要确定二校校出错误已改正，对校样进行综合检查，清理差错，确定版面格式。

④点校：对三校校出错误予以核对，并对文章、版式作最后通校，确保清样无差错。

---

① 殷国荣，王斌全，杨建一主编．医学科研方法与论文写作[M]．北京：科学出版社，2009：321.

⑤校对签名。校对者应在每次校样上签名，并标明校次，以防差错。

⑥责任编辑甩开原稿和三校样，对清样进行阅读，寻找差错。在读样后，进行总体扫描，检查有无错字、漏字、表格与插图是否合乎规范，字体、字号使用是否正确等。

3.3　校对的方法和软件

校对是有方法的，校对方法是否得当，不仅影响校对速度，还有可能对校对质量产生重大影响。

3.3.1　校对方法

1. 对校

将原稿放在左方或上方，与校样对照着核对的方法。这种方法要求原稿与校样尽量靠近，以缩短核对中两眼反复移动的距离，防止过分疲劳。校对时，左手指着原稿，右手持笔指着校样，两手随校对的速度而移动，发现问题，用笔在校样上标示出来。对校法的好处是两两对照，比较可靠，不易发生错漏。但由于双眼要一边看原稿、一边读校样，所以校对速度较慢。同时，由于眼光不断在原稿与校样之间切换，比较容易错行。为了避免这种差错，往往准备一条铅条，压在原稿上，逐行对毕、逐行下移。但这又会增加移动铅条这样一道工序了，会更加影响速度。

2. 折校

折校是用大拇指、中指和食指夹持校样，校前将校样轻折一下，然后将校样靠近原稿文字相对的校对方法。校对时，原稿平放桌上，两手夹持校样从左向右徐徐移动，使得原稿和校样上的相同文字依次一一对照，两眼能同时看清原稿和校样上相对的文字。校完一行，可用大拇指和中指推移稿纸换行，用食指轻压校样。改正校样错误时，可左手压住校样，右手持笔改正。进行折校时，眼、手、脑三者同时并用，集中精力，默诵文句。折校的优点是比对校速度快，不容易发生错行，基本摆脱了连续的视线转移和头部摇动，便于提高工作效率。另外，原稿紧贴校样逐行逐句对照，容易发现漏字、漏句、多字、多句。但折校法对于改动较大的原文不适用。

3. 读校

读校是两人合作进行的校对方法。校对时，一人读原稿，一人看校样。读原稿时，口齿要清楚，不但要读文字，而且要读出版面和文字的标点符号及具体要求。对校样的人要精神集中，一边听，一边看，以眼看的核对耳听的。为了避免出错，读的人和校的人，最好都用手指指着字句读。读校的优点是速度快、效率高，缺点是要多占用一个人工，缺点是遇到内容复杂、图表、外文、专用名词及化学方程式多的文稿，不能顺畅进行。

4. 互校法

互校法是在二校或三校时，不同校对人员之间相互校对对方的校样，目的是为了避免因为原校对自己负责的稿件过熟而产生盲区。互校是对校方法的延伸，互校或轮流互校的最大特点是打破了对校在人员配备上的局限性和不足，使全体编辑可在互校过程中取长补短，这对提高出版单位的整体编校水平会起到积极的作用。另外，互校对编辑工作具有促进作用，对编中校、校中编有很好的抑制作用。互校的不足之处与对校一样，即控制不好会使少数人偷懒而依靠别人，若人人都抱有侥幸的态度，差错率将会有增无减。①

5. 对红法

对红法是校对者只查看上次红笔标出来需要修改的地方，并对尚未改正的予以更改。对红法的不足是，修改时打字员如不慎，会造成新的错误，而这些新的错误用对红法又难以发现。做好对红工作，需要足够的耐心和责任心，还需要掌握一定的方法技术。其技术要领是：首先核对上一校次改动的字符至少两次；如果发现应改未改的字符，则需要检查上下左右相邻的字符是否有错改，以防临近位置错改；其次要对比对红样与清样四周字符有无胀缩，如有胀缩，就要对相关行及其上下行逐字逐句细查，找出胀缩原因，改正可能存在的错误。

6. 通读法

通读法是校对者不看原稿或上次校对稿，而通过连续阅读来发现错误，纠正错误。通读法的最大好处是有助于文稿的内容、形式畅通，消灭出版物中的不合格问题，充分调动校对者的能力与水平，故尤为适合最后的校对。

3.3.2　校对规则

“没有规矩，不成方圆”。校对工作也有工作规范，比如校对符号的规范使用。为了规范校对工作，国家出版事业管理局于1993年12月颁布了作为国

---

①　赵更吉．校对方法及其适用条件［J］．西北师范大学学报（自然科学版），2006(42)，3：34.

家标准的《校对符号及其用法》(GB-T-14706-1993)，并与1994年7月开始在全国范围内推行，至今仍然沿用。该办法适用于出版印刷业(包括各少数民族文字)各校样的校对工作。

除了规范的符号，校对工作还有一些共同的规则，下面择其要点加以介绍。

①校对前，应把原稿和校样按照页码理顺，防止中间发生错乱。

②校对时，应该根据校次分别采用红、纯蓝、黑三种墨色不相近的笔，以免发生混淆。

③校出的错误，不要像编辑改稿那样在原稿上改正，应该用规范的校对符号和引线将错字引到版心外空白处，再写上改正的字。改正的字和校样上的错字应该画圈，以免和其他字相混。

④校改错误的引线，不应彼此交叉，以免出错。

⑤只有在校对符号说明不清时，才用文字说明，凡是说明的文字都应该在侧面加线条或者上下加圆括弧，以示和正文校样区分。

⑥一页上多处有同一错字时，只在页面上左、上右、下左、下右四个部分外页面空白处各写一个改正的字，然后将本页内多个同一错字的引线引向本部分外的改正字。如果同一字数太多，也可以在每个错字上画圈，然后在天头或地脚处注明圈起来的某字等于某字等。

3.3.3 校对软件

随着计算机技术的发展，校对工作中机械、重复的事情得以借助校对软件完成。校对软件的工作原理是利用计算机的存储记忆能力建立词库，将某一种语言中的固定词组存储在词库中。在校对时，将文章分解成许多词组，再将这些词组与软件词库里的词组进行比照，符合的为正确、不符合的为错误。目前出版工作中常用到的校对软件有黑马校对系统、工智校对通、远景中文校对系统等。

1. 黑马校对系统

黑马校对系统可以精确校对中文、英文拼写、标点、数字、科技计量、重句、异形词、领导人姓名职务、领导人排序、政治性问题、目录、标题和图例公式序号等各种类型的错误，是目前编辑出版行业应用最广的一种校对系统。它内含S2版、PS版、Word嵌入版、飞腾插件版和小样版五个全新的校对界面，适用范围极广。依据《现代汉语词典》第6版等权威标准，其采用多项国际领先的尖端校对技术和超大规模词库，拥有4000万条专业词汇、220万条错误词汇和79个专业库，为各类文稿的校对提供最佳解决方案。黑马校对系统系列包括黑马校对全能版、黑马校对医学版、黑马校对杂志社专用版等几个不同版本。

2. 工智校对通

工智校对通是一个自然语言处理的、用于计算机辅助汉语文章校对的系统。适用于新闻、出版、机关企事业办公、数据中心等各部门和个人写作者。它可对已输入计算机的汉语文章自动查错，将怀疑有错的地方标示出来，提供修改建议和修改手段，方便用户修改；能自动识别文章中人名地名，在屏幕上标示出来，供用户核对；有成语语义分类词典供在线检索和提取，有词库维护、自学习、打印校对结果等多种辅助功能。工智校对通处理的是已输入计算机中的汉语文章，主要检查错字、漏字、多字等引起上下文不通的情况，将怀疑的错误处用醒目的颜色在屏幕上标出来，以示警告，并提供修改建议。工智校对通还能用不同颜色自动标示文章中的人名、地名、数字、英文等，供用户核查。它的特点一是查错准，不仅能查错别字，还能查漏字、多字、多词，能核对人名、地名；二是改错灵，多数情况下用户不必输汉字，仅用“点菜单”的方式选择系统提供的修改建议便可完成修改；三是用法活，有词库扩充、自学习、成语检索等多项功能，越用越好用，特别适合作者自写自校。还能把警告和其他信息用下划线等标记印在小样上，供纸面校对时参考。

3. 远景编校系统

远景编校系统是北京远景创新信息技术有限公司针对排版系统中汉语文章词语错误的自动查找及修改开发出的计算机辅助汉语编校软件。它运用计算机语言原理和人工智能方法，采用先进的软件开发技术，以文字规范化和标准化为目标，充分利用计算机与人工的优势互补，对录入或扫描到计算机中的电子文档进行高效而快速地盘错与改错，目的是使经过它校对的文字符合国家对出版物的文字规范要求。这一系统可检查电子文档中因种种原因而造成的字、词、标点、数字以及部分语义、语法等错误，特别是那些虽经人工校对多次却仍难发现的错误；对查出的所有错误都标出醒目的颜色，提醒用户注意；智能地提出修改建议供用户在更改错误时参考；还可自动识别并标示出数字、人名、地名、企业名、标点符号、繁体异体字等供用户核查；具有自定义词库功能，用户可根据需要自行添加新词汇和正误对应词条。此外，远景校对还提供了语音校对、知识库查询、简繁转换、电子字典等辅助工具，供编辑、校对人员、办公人员、学术工作者等参考使用。①

---

① 刘允杰．谈谈我国计算机校对软件的发展与应用[J]．科技情报开发与科技，2009(19)：25.

习 题

一、单选题

1. 将原稿放在左方或上方，与校样对照着核对的方法是什么校对法？（　　）
   A. 一校　　B. 点校　　C. 对校　　D. 折校
2. 下面哪个说法是错误的？（　　）
   A. 标点符号不能领行　　B. 独字不能排行
   C. 转行不能破词　　D. 独行不能领页
3. 在校对过程中校对人员如果发现了错误，不应该如何处理？（　　）
   A. 直接改正　　B. 提出修改意见
   C. 记录错误　　D. 填写错误登记表

二、简答题

1. 三校制是哪三校？
2. 什么叫对红法？

参考答案

一、单选题

1. C　2. D　3. A

二、简答题

1. ①一校(作者、责任编辑各校一次)：侧重对原稿校对，力求校样与原稿的一致，纠正版式错误，对有疑问处作出标示。校后通读一遍。要求作者不能对原稿做大的改动。
   ②二校(责任编辑、执行编辑各校一次)：校对时要确定一校校出错误已改正，纠正版式错误，并对文稿中的疑问予以处理，填补遗缺，统一体例。
   ③三校(执行编辑校一次)：校对时要确定二校校出错误已改正，对校样进行综合检查，清理差错，确定版面格式。
2. 对红法是校对者只查看上次红笔标出来需要修改的地方，并对尚未改正的予以更改。对红法的不足是，修改时打字员如不慎会造成新的错误，而这些新的错误用对红法又难以发现。

第二编　Adobe InDesign 版式设计与制作

第4章 Adobe InDesign概述

InDesign 软件是 Adobe 公司开发的服务于专业排版领域的设计软件。第一版于 1999 年 9 月 1 日发布，历经数次改版，目前已经升级到 InDesign CS6 版本。InDesign 是基于面向对象的开放体系设计的软件，可实现高度的扩展性，还建立了一个第三方开发者和系统集成者可以提供自定义杂志、广告设计、目录、零售商设计工作室和报纸出版方案的核心接入入口，支持多种插件功能。InDesign 捆绑了 Adobe 的其他流行产品，如 Adobe Illustrator，Adobe Photoshop，Adobe Acrobat 和 Adobe PressReady。熟悉 Photoshop 或者 Illustrator 的用户将很快学会 InDesign，因为它们有着共同的快捷键。设计者也可以利用内置的转换器导入 QuarkXPress 和 Adobe PageMaker 文件，以实现将现有的模板和主页面转换进来。①

4.1 InDesign 的优越性

1. 文字块具有灵活的分栏功能

一般在报纸、杂志等编排时，文字块的放置非常灵活，经常要破栏（即不一定非要按版面栏辅助线排文），这时如果此独立文字块不能分栏，就会影响编排思路和效率。其他许多排版软件，如 PageMaker 却不具有这一简单实用的功能，而是要靠一系列非常繁琐的步骤去实现：文字块先依据版面栏辅助线分栏，然后再用增效工具中的“均衡栏位”齐平，最后再成组更改文字块的大小时不影响等同的各栏宽，等等。而 InDesign 就具有灵活的分栏功能，单这一点上就与一直强于 PageMaker 的 QuarkXPress 和 FIT 站在了同一

---

① 本章内容部分参考了 Adobe 公司著.《Adobe InDesign CS6》中文版经典教程[M]. 北京：人民邮电出版社，2014.

水平线上。

2. 文字块和文字块中的文字具有神奇的填色和勾边功能

InDesign 可给文字块中的文字填充实地色或渐变色，而且可给此文字勾任意粗的实地色或渐变色的边。同时，对此文字块也可给予实地色或渐变色的背景，文字块边框可勾任意粗的实地色或渐变色的边框，这样烦琐的步骤，InDesign 用其快捷的功能可一气呵成。

3. 文字块内的文字大小变化灵活

当我们进行编排时，往往会遇到想对某段文字块中的某些文字作一些特别强调，如大小、长短变化等，InDesign 就为您提供了这一方便功能。InDesign 可让文字块内的文字在 XY 轴方向改变大小且可任意倾斜，而 PageMaker 文字块中的文字却只能在 X 轴方向改变，更不能倾斜。“缩放键”放大和缩小这项绘图软件特有优秀的功能被 InDesign 引进，从而大大减少了由于版面变化而改变版式的工作量，提高了工作效率。

4. 文字块的文字在间距控制上更自由

一般在排文时常常会遇到文字块最后一栏的最后一行不能与前面栏的最后一行平齐等问题，这时可能就需要调整字距来实现了。InDesign 的文字字距可简单的通过设定任意的数值来调整，非常快捷方便。另外，InDesign 还实现了在字间距、词间距和字母间距等方面的控制，而且创新了保证文字排列美观的“单行/多行构成”功能。

5. 文字块常规的矩形外框可自由改变

若在编排时需要特殊文字块形状，那么 InDesign 除了预设了几种圆角、倒角矩形外，还允许用“直接选择工具”和“贝塞尔工具”在默认矩形文字块基础上再进行更富创意的形状变化，真正使用户所想即所得。

6. 拥有绘图软件中的艺术效果文字——沿路径排文字

为配合版面需要想为文字变个花样，InDesign 只要用“贝塞尔工具”画出曲线，那么沿曲线排列文字在 InDesign 中可轻易实现。

7. 文字块中的文字可转图形

完成编排后送到输出中心输出时，若是输出中心无相应的 TrueType 字或 PS 字，这时 InDesign 的文字转图形的功能便可派上用场了，这种绘图软件特有的功能极大地方便了输出。

4.2 InDesign 的特色功能

1. 印前检查

在设计时进行印前检查。连续的印前检查会发出潜在生产问题的实时警告，以便快速导航到相应问题，在版面中直接修复它，并继续工作。

2. 链接面板

在可自定义的链接面板中查找、排序和管理文档的所有置入文件。查看对于工作流程最重要的属性，如缩放、旋转和分辨率。

3. 页面过渡

将卷起、划出、溶解、淡化等页面过渡应用于个别页面或所有跨页，并输出到 SWF 或 PDF。在应用页面过渡前进行预览，尝试过渡速度和方向以提高设计控制力。

4. 条件文本

从一个 InDesign 源文件为不同用户提供一个文档的多个版本。无需依赖图层，即可在段落、单词甚至字符中隐藏文本。其余文本和定位对象会自动重排到版面中。

5. 导出(XFL)

将文档导出为 XFL 格式，并在 Adobe Flash CS4 Professional 中打开它们，可保持原始 InDesign 版面的视觉保真度。使用 Flash 将精细的交互内容、动画和导航添加到复杂版面，创造出引人入胜的阅读体验。

6. 交叉引用

借助灵活而强大的交叉引用简化长文档的编写、生产和管理，它们在内容发生变化或在文档中移动内容时会动态更新。

7. 智能参考线

借助动态参考线为一个或多个对象快速对齐、设置间距、旋转和调整大小。参考线、对象尺寸、旋转角度以及 x 和 y 坐标将动态显示，以便将对象边缘或它的垂直/水平中心快速对齐到版面中的其他对象或页面边缘。

8. 文档设计

无需通过 Adobe Flash 创作环境即可将页面版面变换为动态 SWF 文件。借助交互式按钮、超链接和独特的页面过渡创建数字文档，以便在 Adobe Flash Player 运行时中回放。

9. 跨页旋转

无需转动显示器即可临时旋转跨页视图。实现 90° 和 180° 的全面编辑能力，将非水平元素轻松融入设计中。

10. 文本重排

当文本溢流时，可以使用这个全新选项在文章、选定内容或文档结尾处自动添加页面。智能文本重排与条件文本配合使用，因为隐藏或显示文档中的条件文本时会自动删除或添加页面。

第 5 章　工作环境介绍

5.1　系统安装实验

【实验目的与要求】

学会下载、安装 Adobe InDesign CS6 软件。

【背景知识】

AdobeInDesign CS6 是 Adobe 公司 2014 年发布的最新 InDesign 版本，具有拆分窗口、内容收集器工具、灰度预览、简便地访问最近使用的字体等更多提高效率的功能选项。用户可以通过 Adobe 公司官网下载有效期为 30 天的试用版本，有效期满后可以付费购买正式版。

【实验步骤】

5.1.1　InDesign CS6 的系统要求

(1) Windows 环境

Intel® Pentium® 4 或 AMD Athlon® 64 处理器。

Windows Microsoft® Windows® XP * Service Pack 3 或 Windows 7 Service Pack 1。

1GB 内存(建议使用 2GB)。

1024×768 屏幕(建议使用 1280×800)，16 位显卡。

DVD-ROM 驱动器。

需要使用 Adobe® Flash® Player 10 软件导出 SWF 文件。

Adobe Bridge 中的某些功能依赖于支持 DirectX 9 的图形卡(至少配备

64MB VRAM)使用前需要激活。

必须具备宽带网络连接并完成注册，才能激活软件、验证订阅和访问在线服务。

(2)Mac OS 环境

Intel 多核处理器。

Mac OS X 10.6.8 或 10.7 版。当安装在基于 Intel 的系统中时，Adobe Creative Suite 5、5.5 以及 CC 应用程序支持 Mac OS X Mountain Lion (v10.8)。

1GB 内存(建议使用 2GB)。

2.6GB 可用硬盘空间用于安装；安装过程中需要额外的可用空间(无法安装在使用区分大小写的文件系统的卷或可移动闪存设备上)。

1024×768 屏幕(建议使用 1280×800)，16 位显卡。

DVD-ROM 驱动器。

需要 Adobe Flash Player 10 软件用于导出 SWF 文件使用前需要激活。

必须具备宽带网络连接并完成注册，才能激活软件、验证订阅和访问在线服务。

5.1.2　下载并安装 InDesign CS6

下面以下载和安装试用版本为例，了解 InDesign 的下载和安装步骤。确认计算机已经联网，访问 Adobe 公司官网 www.adobe.com，在搜索框中输入 InDesign，搜索最新版本的系统软件(见图 5-1)。

图 5-1　位于官网页面上方的搜索栏

搜索找到 InDesign CS6 之后，就可以下载该软件的试用版本进行试用了。值得注意的是，从 2015 年开始，Adobe 公司开始推出 Adobe ID，以方便对用户需求进行统一管理。因此，如果要从官网上下载任何软件，需要使用有效邮箱注册一个 Adobe ID，通过 ID 登录账户，可以下载 Adobe 所开发的一系列图文设计软件(见图 5-2)。

对于已拥有 Adobe ID 的用户，可以直接登录后进入下载页面(见图 5-3)。对应自己的电脑系统，选择下载不同版本的 InDesign CS6(见图 5-4)。如果下载的是试用版，功能将不受限制，可试用各项功能(见图 5-5)。

如果安装的是付费版本，用户则最多可在两台计算机中安装软件。这两台

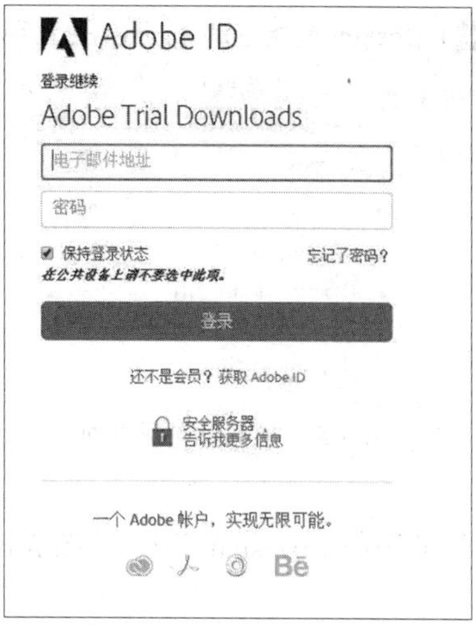

图 5-2　注册 Adobe ID

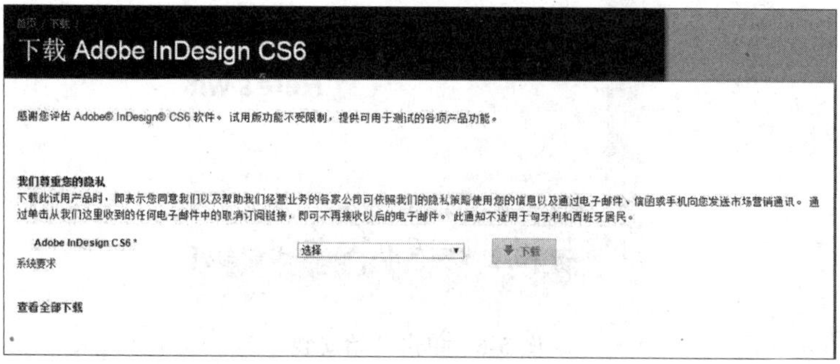

图 5-3　下载页面

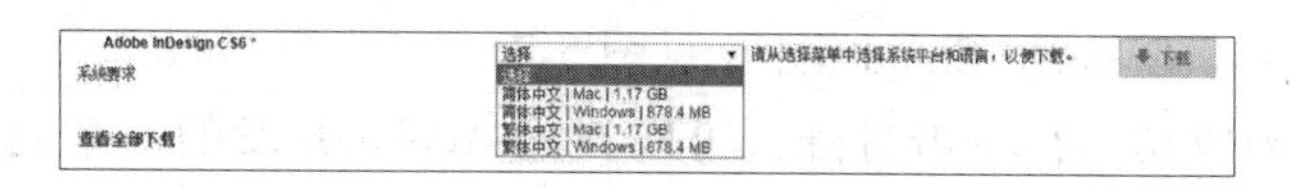

图 5-4　选择系统平台和语言

计算机可以都使用 Windows 系统，都使用 Mac OS 系统，或每种系统各一台。如果要在第三台计算机上安装该软件，则必须首先在其他两台计算机中取消激活该软件。

在弹出的页面中勾选使用者基本需求以后，单击“继续”按钮，然后根据

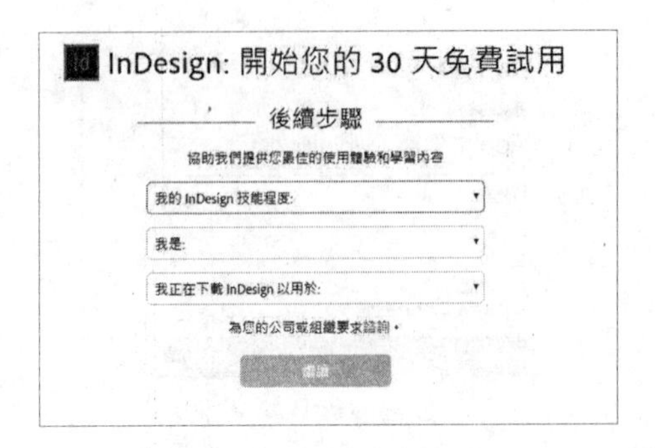

图 5-5　试用版下载页面

页面提示操作，即可下载试用版 InDesign CS6(见图 5-6)。

图 5-6　单击开始安装

下载完成后，单击打开下载的 .exe 后缀程序包，按照提示进行下一步，即可安装 Adobe Creative Cloud 组件(见图 5-7)。

组件安装成功后，单击打开，可以找到 Adobe 开发的一系列图文设计软件，选择 InDesign CS6 双击自动运行安装(见图 5-8)。

安装成功后，可以通过 Creative Cloud 程序管理 Adobe 旗下相关软件，比如下载安装 Photoshop，对已经安装的软件进行升级等，十分方便。试用期届满后，可以直接通过 Adobe ID 在线购买正版软件密钥，也可以卸载相关软件后再次安装体验。

图 5-7 计算机自动安装 Adobe Creative Cloud

图 5-8 在 Adobe Cloud 选择安装 InDesign CS6

5.2 软件界面熟悉实验

【实验目的与要求】

学习和掌握选择工具、应用程序栏和控制面板、管理窗口、使用面板、保存和修改工作区、导览文档和使用上下文菜单。

【背景知识】

InDesign CS6 的用户界面非常直观，而且与 Photoshop 等 Adobe 公司的其他设计软件兼容良好，有着一致的外观风格。要使用 InDesign 强大的排版功能，首先要熟悉该软件的用户界面，InDesign CS6 的工作区由程序栏、控制面板、文档窗口、菜单、粘贴板、工具面板和其他面板组成。

【实验步骤】

5.2.1　熟悉 Adobe InDesign CS6 的工作区

①双击打开桌面上的 Adobe InDesign CS6 图标。

InDesign 工作区呈现在我们面前，包含应用程序栏、菜单栏、控制面板、工具面板、其他面板、文档窗口、工作区域(如图 5-9 所示)。

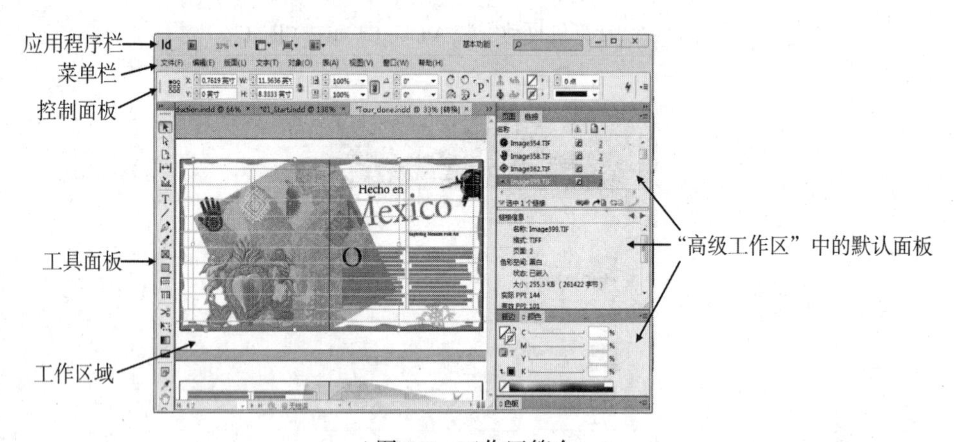

图 5-9　工作区简介

②用鼠标指向工具面板中的每个工具，查看其名称和快捷键。对有黑色三角形的工具，单击并按住鼠标以显示包含其他工具的菜单。

③用鼠标指向菜单栏，在每一个程序上停留几秒钟，了解每个菜单的功能。对于后面有黑色三角的菜单，可以进一步查看其子菜单。选择菜单“视图”→“屏幕模式”→“正常”，观察图形和文本周围的框架，再选择“出血”“预览”和“辅助信息区”查看。

④熟悉控制面板的各种功能和操作。

- 单击工具面板中的选择工具“ ”，确保选中此工具，然后单击工作区域中的文本或图片，可以看到控制面板中显示了该对象的信息，包括对象的位置、大小和其他属性，如图 5-10 所示。
- 在控制面板中，单击 X、Y、W、H 旁边的箭头可以调整选定框架的位置及修改其大小。

图 5-10　控制面板中显示的图形对象信息

➢ 单击工具面板中的文字工具“”，确保选中此工具，然后单击工作区域中的文字对象，可以看到控制面板中显示了该对象的信息，包含文字对象的字体、字号、位置等属性，如图 5-11 所示。

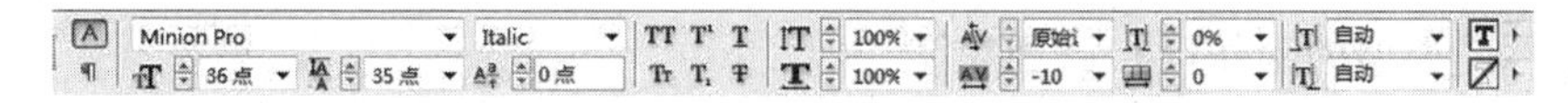

图 5-11　控制面板中显示的文字对象信息

➢ 在控制面板中，单击字体、字号等旁边的黑色三角，可以对文字对象的各种属性进行调整。

⑤使用多个文档窗口。在实际排版中，常常会需要直观地了解操作对文档带来的影响，因此需要同时打开两个甚至多个文档的视图。为了实现这一目标，可以选择菜单“窗口”→“排列”→“平铺”以同时显示两个或多个窗口。尝试从工具面板中选择缩放工具“”，在打开的其中一个文档窗口中点击并拖曳任意图文对象以放大它，此时另外的窗口缩放比例保持不变，由此可以让设计者直观了解修改这些对象带来的影响，如图 5-12 所示。

图 5-12　使用多个窗口比较文档

5.2.2　定制工作区

所谓工作区，是面板和菜单的配置，不同的设计者有不同的工作习惯，针对不同的设计内容，有可能使用不同的工作区。InDesign 为用户提供了多种工作区，如数字出版、印刷和校样、排版规则等。用户可以保存自定义工作区，以实现自己对工作区的定制。

①查看和了解不同工作区的布局。选择菜单“窗口”→“工作区”，依次点击书籍、交互式 PDF、书籍、印刷校样、基本功能、数字出版、高级等选项，观察不同类型的工作区布局和功能。

②新建自己的工作区。根据自己的工作习惯和设计内容调整工作区，然后选择“窗口”→“工作区”→“新建工作区”。在“新建工作区”对话框中的文本框“名称”内输入“my style”，单击“确定”按钮完成设置，如图 5-13 所示。

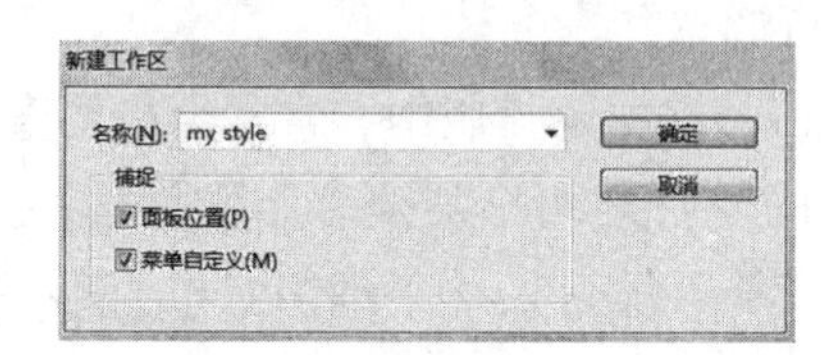

图 5-13　自定义工作区

5.2.3　导览文档

在排版多页文档中，导览文档可以帮助我们了解单个页面和整体文档之间的关系，以便建立连接。InDesign 提供了多种导览文档的方式，包括使用页面面板、使用抓手工具、使用“转到页面”对话框和使用文档窗口中的控件等。

①使用页面面板。页面面板在“高级工作区”中，通过拖曳可以调整位置，隐藏和显示。在页面面板隐藏的状态下，单击页面面板可以将其展开，页面面板中包含了本文档中每一个页面的图标，双击该页面的图标可以切换到该页面（使该页面在视图中居中），由此可以简单地实现翻页，如图 5-14 所示。

②用下拉列表也可以实现翻页。InDesign 工作区左下角有一个下拉列表，如图 5-15 所示，显示了文档中所有页面的页码，单击下拉列表右侧的向下黑色箭头，可以展开所有页码，点击目标页码，可以切换页面，还可以单击前后翻页和直接跳到第一页。

③使用“转到页面对话框”实现翻页。选择菜单“版面”→“转到页面”，在

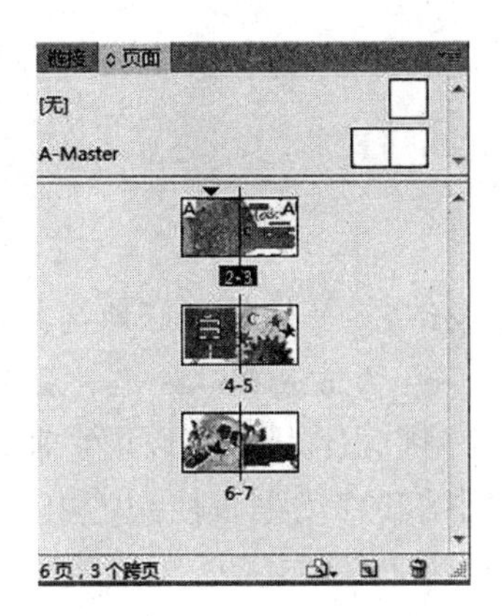

图 5-14 页面面板视图

图 5-15 页码下拉列表

“转到页面”对话框中输入想要转到的页面号码，即可实现翻页，如图 5-16 所示。

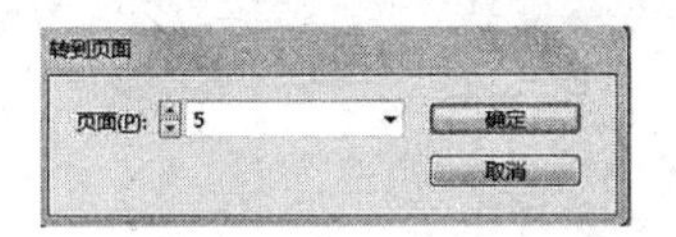

图 5-16 “转到页面”对话框

【小窍门】

除了顶部的菜单栏之外，我们还可以使用上下文菜单列出与选定对象关联的命令。要调用上下文菜单，先用鼠标单击工具面板中的选择工具，然后再指向目标对象并单击鼠标右键，即可显示出针对此目标对象可进行的操作。

5.3 基本功能熟悉实验

【实验目的与要求】

学习和掌握如何新建、打开和查看文档、使用印前检查面板及潜在的制作问题、输入文本和对文本应用样式、导入文本和应用文本框架、插入和调整图像。

【背景知识】

为了更好地应用InDesign CS6及使其更好地与其他Adobe软件无缝融合，可以下载并安装Adobe Bridge。Adobe Bridge是一款文件浏览器性质的软件，是Adobe设计系列软件的控制中心，用户可以用它来组织、浏览和寻找所需要的资源，用于创建印刷、网站和移动设备使用的内容。用户可以从Bridge中查看、搜索、排序、管理和处理图像文件。可以使用Bridge来创建新文件夹、对文件进行重命名、移动和删除操作、编辑元数据、旋转图像以及运行批处理命令。还可以查看有关从数码相机导入的文件和数据的信息。

【实验步骤】

5.3.1　新建文档

①选择菜单“文件”→“新建”→“文档”，如图5-17所示。

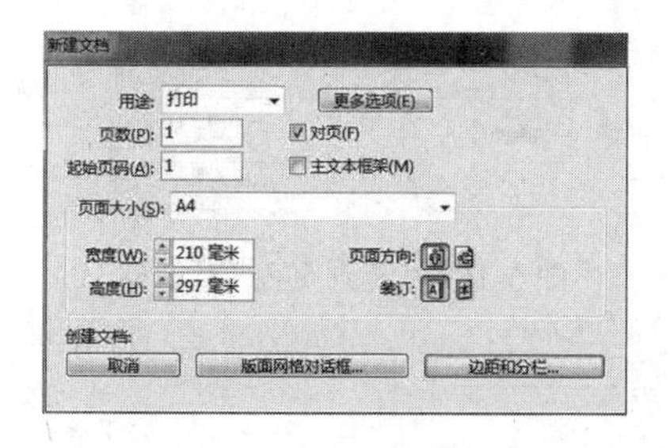

图5-17　新建文档对话框

②此时新建文档对话框出现，可以根据需要对文档的大小、用途、页数等进行设置。如果默认已有设置，则点击对话框右下角的“边距和分栏”按钮，进入“新建边距和分栏”设置对话框。

③在新建边距和分栏对话框中可以设置上下、内外边距，栏数、排版方向等属性，如果默认已有设置，则单击对话框右上角的“确定”按钮，如图5-18所示。

④单击“确定”按钮后，InDesign自动生成了刚刚新建的页面，可以看到页面从内到外有三个框组成，最里面的渐变色框是页面版心所在位置，即图文所

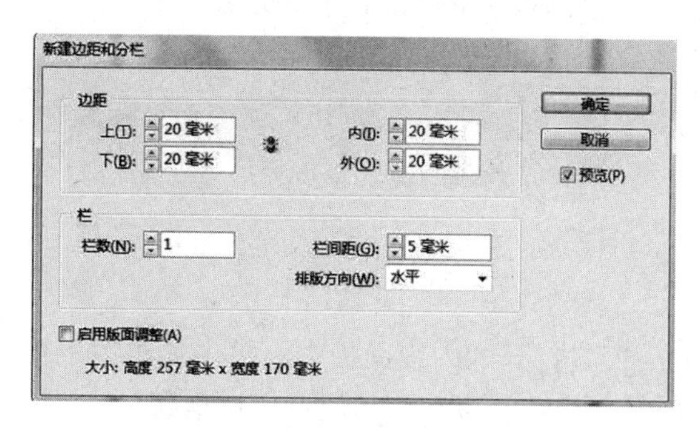

图 5-18　新建边距和分栏对话框

在的部分，中间的黑线是版面边缘，最外面的红色线框是“出血”。留出出血就是为了避免打印出设计作品以后进行裁切时留下白边，所以在设计时，要把画面向外延伸一部分，这部分就是出血。InDesign 建页面时默认会设定 3mm 的出血，如果画面需要到边，就要把画面扩展并覆盖这多出来的 3mm 部分，这就是做出出血来了(见图 5-19)。

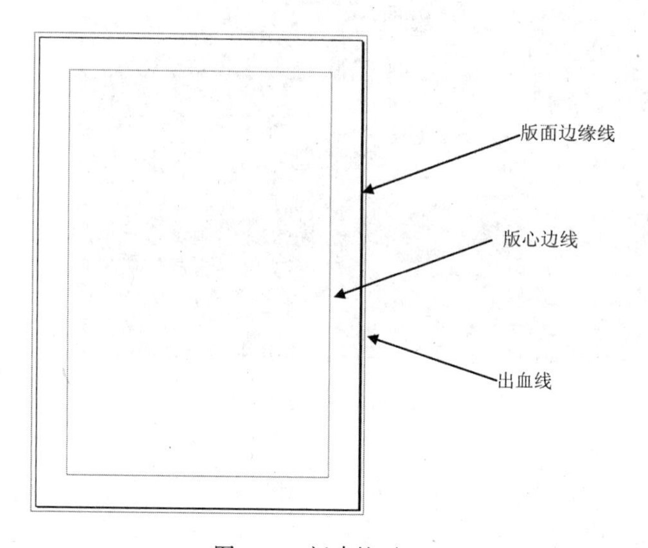

图 5-19　新建的页面

5.3.2　使用 Bridge 查看文档

①单击应用程序栏(窗口顶部)中的“转至 Bridge”按钮，如图 5-20 所示，

通过打开 Adobe 的资源管理器 Bridge 找到图文文档。

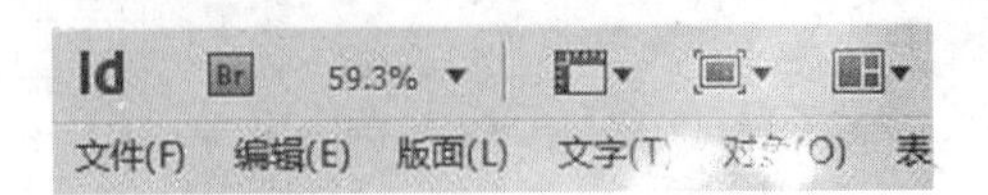

图 5-20　转至 Bridge 按钮

②Adobe Bridge 窗口打开的内容面板中，单击要了解的图文文档，可以在右边的元数据面板中查看有关该文档的信息，包括颜色、字体、创建日期、文件大小等，如图 5-21 所示。

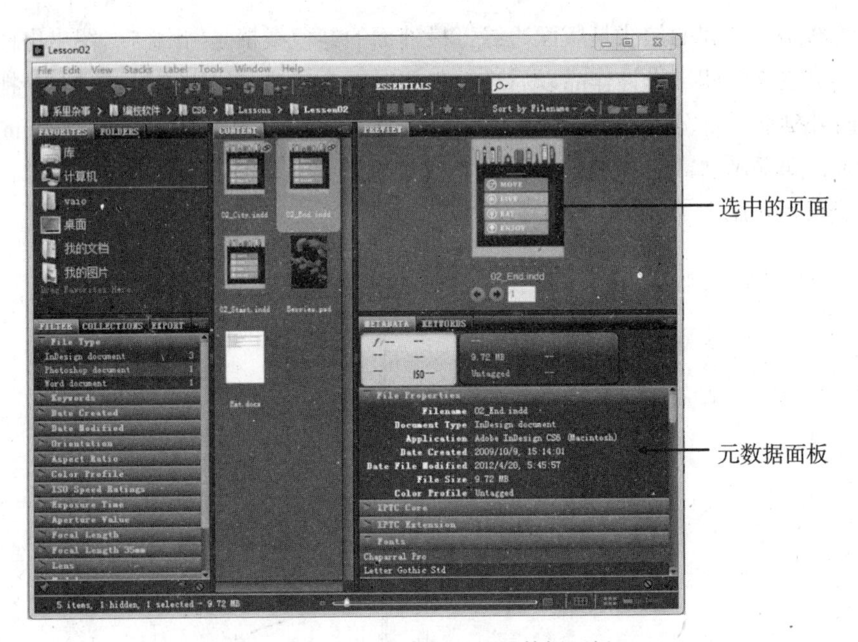

图 5-21　Bridge 中打开的元数据面板

③在 Bridge 中双击要选择的页面，Bridge 会自动调用 InDesign CS6，并在 InDesign CS6 中打开页面和页面所在的文档，此时 InDesign CS6 的工作区域中显示的是之前在 Bridge 中双击的目标页面。

④为了保证出版印刷达到预期的设计效果，需要对文档进行印前检查，查看是否有缺失字体、溢出文本等问题存在。选择菜单“窗口”→“输出”→“印前检查”打开印前检查面板，也可以双击文档左下角的“印前检查”(见图 5-22)按

钮来打开该面板(见图 5-23)。

图 5-22　印前检查按钮

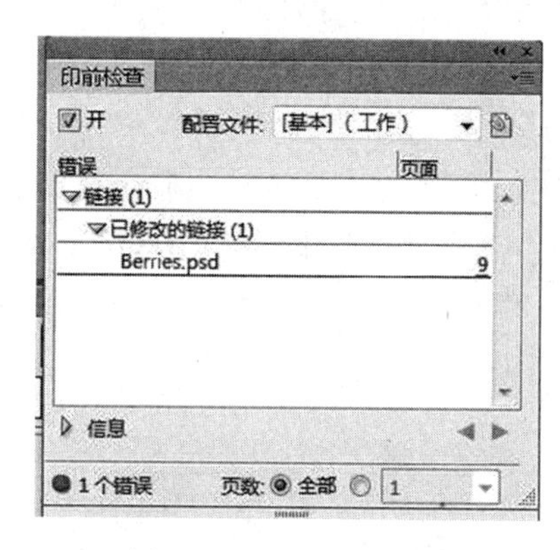

图 5-23　印前检查面板

⑤根据印前检查面板的提示，可以对页面进行修改，修改后需要保存。选择菜单“文件”→“储存为”，在“储存为”对话框中输入新的文件名，保存文件类型为 Adobe InDesign CS6 文件，选择合适的位置保存，并点击“确定”。

⑥编辑加工文档，尤其是要对齐文本和图片，离不开参考线、网格、框架边缘等页面辅助线。通过 Bridge 打开的文档默认为预览形式，不会自动显示辅助线，如果需要查看辅助线，需要单击并按住工具面板底部的“模式”按钮，在展开的模式类型中选择“正常”。也可以单击窗口顶端的“页面视图”选项，并选择“参考线”。

5.3.3　添加文本

与微软 Word 等文字输入与编辑工具不同，在 InDesign 的操作界面中，文本不能直接在页面上输入，必须包含在文本框架、表格或者按照一定的路径排列。因此，输入或者置入文本需要先创建文本框架、表格或者路径图形。

①输入文字。选择文字工具“T”，将鼠标置于页面中拖曳，形成文字框架。放开鼠标，并在画好的文字框架中单击，当光标开始闪烁时即可输入文字。

②想要改变文字格式，可以在控制面板中单击“字符格式控制”图标“A”，并在打开的“字符格式控制”面板中调整字体字号等字体属性，如图 5-24 所示。

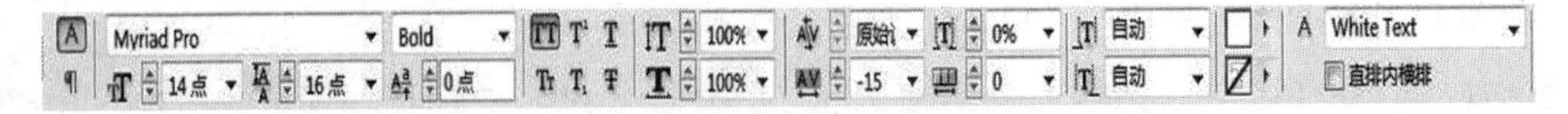

图 5-24　字符格式控制面板

③导入文本。在大多数情况下，版面设计者不需要自己输入文本，而只需要将作者和编辑提交的文本导入 InDesign 中即可。同样，在创建好文本框架后，鼠标在该框架中单击，再选择菜单“文件”→“置入”，从打开的对话框中选择需要置入的 doc 文档，双击该文档或点击确定按钮，即可导入文本。当文本框架右下角出现“红色+”号时(见图 5-25)，表示该文本框容纳不下所有文本，此时可以单击该“红色+”号，在空白处单击，可以创建第二个文本框架并直接在文本框架中接续上一个文本框架置入内容。

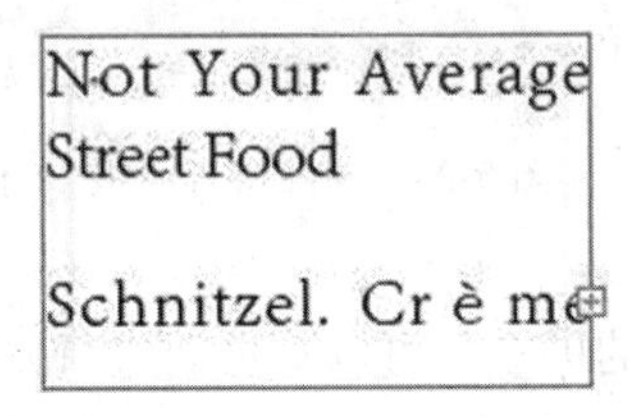

图 5-25　导入已有文本

5. 3. 4　处理图形

与文字一样，InDesign CS 的图形都置于框架中，要插入一个图形到 InDesign 文档中，需要先创建一个框架，点击左侧工具栏中的“矩形框架工具”选项，下拉选项框中会出现“椭圆框架工具”，“多边形框架工具”，单击选择合适的框架工具，在工作区拖曳以创建框架(见图 5-26)。

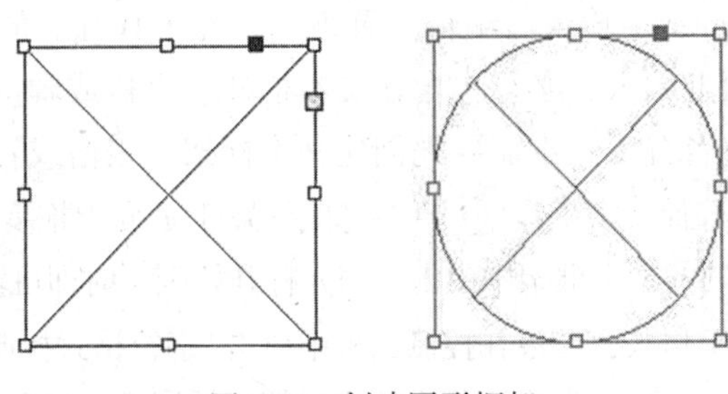

图 5-26　创建图形框架

①置入图形。选择菜单“文件”→“置入”，再双击打开对话框中想要置入的图片对象，该图像将出现在框架中。对添加在框架内的图形来说，图形的样式由框架决定(见图5-27)。

图5-27　在框架内置入图形

②使框架与图形相互适合。置入图形后，往往发现框架的大小与图形的大小不匹配，图形在框架中以不适合的方式显示，影响整体效果。此时需要调整图形或者框架，使两者互相适合。在置入的图形上单击右键，在出现的工具列表中找到“适合选项”，用鼠标指向该选项并单击，可见下拉选项框中出现了8项内容：按比例填充框架、按比例适合内容、使框架适合内容、使内容适合框架、内容居中等。选择不同的选项，以实现不同的适应效果，如图5-28所示。

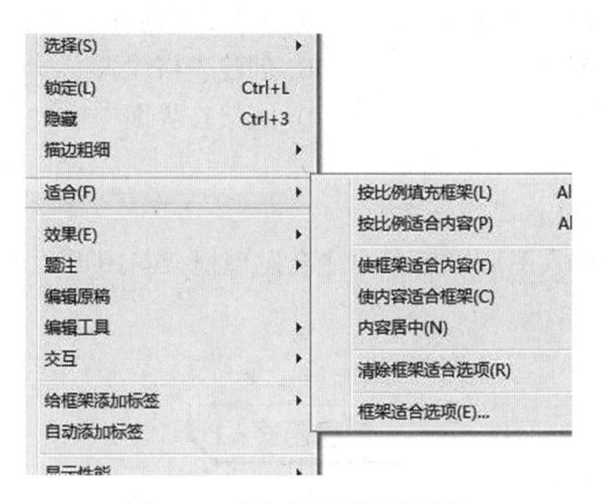

图5-28　框架与图形适合效果

习　题

一、单选题

1. 下列哪些方法可以实现视图在不同的页面之间切换？　（　　）
   A. 用下拉列表翻页　　B. 使用“转到页面对话框”翻页
   C. 用鼠标双击“页面选项框”中的页面　　D. 上述方式均可以实现翻页
2. 下图中哪条线是出血线？　（　　）

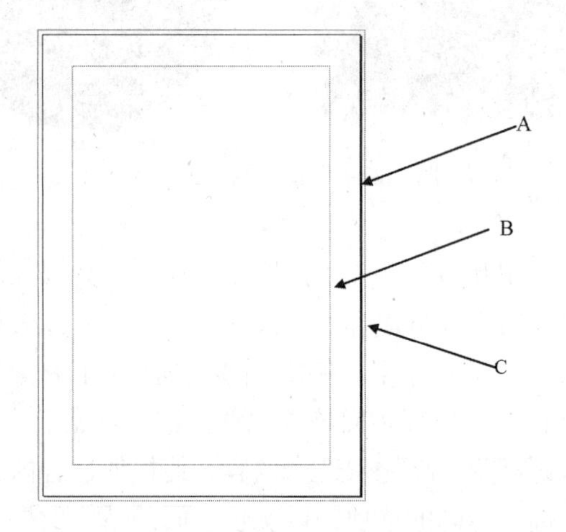

3. 在 InDesign 的操作界面中，文本不能通过以下何种方式输入？　（　　）
   A. 建文本框架输入　　B. 创建表格输入
   C. 用路径图形输入　　D. 直接在界面中输入

二、简答题

1. InDesign 中的工作区是指什么？
2. 在图形框架中置入图形以后，往往会发现框架与图形大小不匹配，此时应如何处理？

参考答案

一、单选题

1. D　2. C　3. D

二、简答题

1. 所谓工作区，是面板和菜单的配置，不同的设计者有不同的工作习惯，针对不同的设计内容，有可能使用不同的工作区。InDesign 为用户提供了多种工作区，如数字出版、印刷和校样、排版规则等。用户可以保存自定义工作区，以实现自己对工作区的定制。
2. 置入图形后，往往发现框架的大小与图形的大小不匹配，图形在框架中以不适合的方式显示，影响整体效果。此时需要调整图形或者框架，使两者互相适合。在置入的图形上单击右键，在出现的工具列表中找到“适合选项”，用鼠标指向该选项并单击，可见下拉选项框中出现了 8 项内容：按比例填充框架、按比例适合内容、使框架适合内容、使内容适合框架、内容居中等。选择不同的选项，以实现不同的适应效果。

第6章　文档基本操作

本章简要介绍如何创建与编辑一个多页文档，通过本章的学习，应掌握以下内容：新建文档并设置文档默认值，创建新主页与编辑主页，将主页应用于文档页面，在文档中添加页面、重新排列和删除页面、编辑文档页面等。

6.1　页面设置实验

【实验目的与要求】

本实验将新建一篇4页的文档，并对页面属性进行设置。

【背景知识】

打开InDesign软件，需要设置页面，即排版的对象，也就是图文所在的背景。所以开始排版工作时，首先需要新建页面，且对页面参数进行设置。如果是用于印刷的文档，则需要考虑印刷出来裁切装订的效果，所以要特别留心出血位的设置，一般而言，出血位应预留3～6mm。对于多页的文档，InDesign默认的起始页码为1，且第一页为右页，即它位于书脊的右边。如果要让第一页在左边，可以将起始页码设置为偶数。

【实验步骤】

6.1.1　修改页面设置

①选择菜单“文件”→“新建”→“文档”。

②在弹出的“新建文档”对话框中，修改属性，将“页数”修改为4，将起始页码修改为“2”，确保选中“对页”选项框，以实现创建一个含有两个对页，4个页面，以左页为起始页的多页文档。

③单击对话框右上角的“较多选项”按钮，对话框下方会出现“出血和辅助信息区”，在此处修改出血位置，设置为上下内外均为20mm，如图6-1所示。

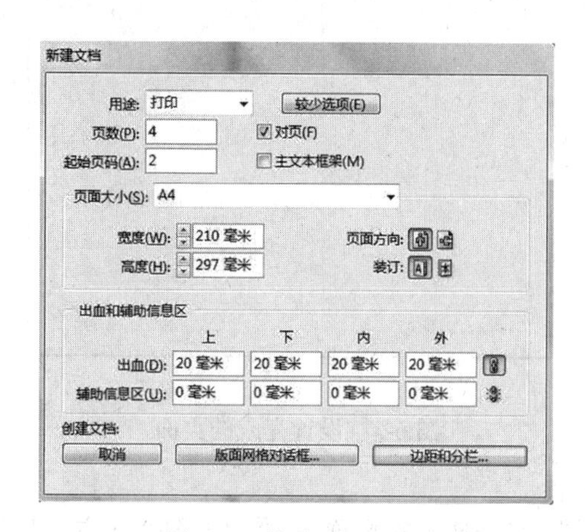

图6-1　修改页面属性

④设置完成后单击“边距和分栏”按钮，在弹出的“新建边距和分栏”对话框中修改栏数为“2”，栏间距为“8毫米”，如图6-2所示。

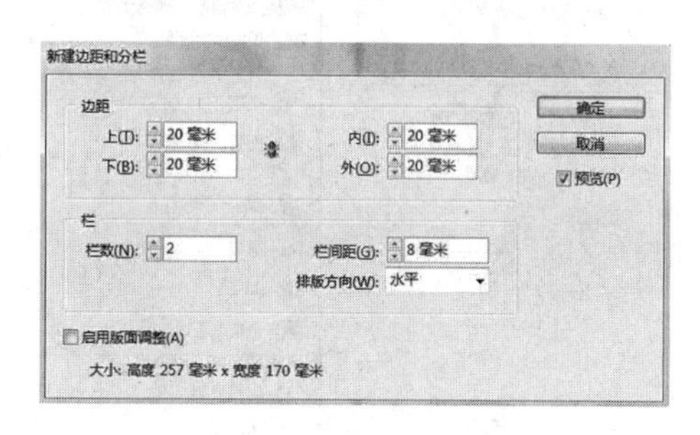

图6-2　修改边距和分栏

⑤设置完成后单击“确定”按钮，即生成了一个4页文档，且每页分两栏，如图6-3所示。

6.1.2　设置主页

主页是所有页面共同的母页面，它相当于其他页面的背景，加入到主页页面的所有对象，也将出现在该主页运用的所有文档中。

(1)“页面”面板操作

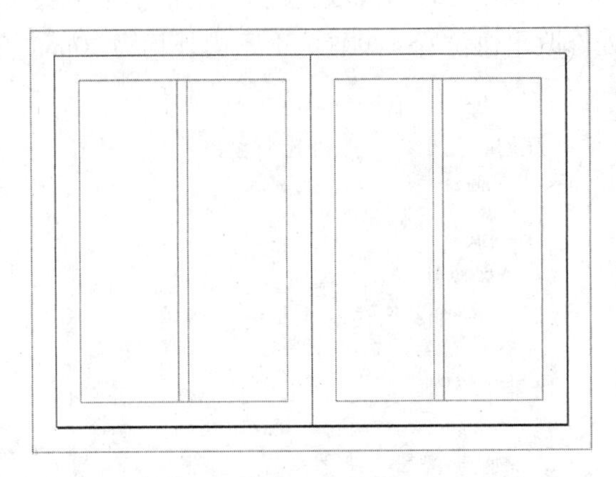

图 6-3　设置完成的页面

单击“页面”面板，在弹出的页面选项中找到“A-主页”图标，并双击该图标的左侧页，以选中主页的左侧页，并使该页在 InDesign 的操作界面中居中，如图 6-4 所示。

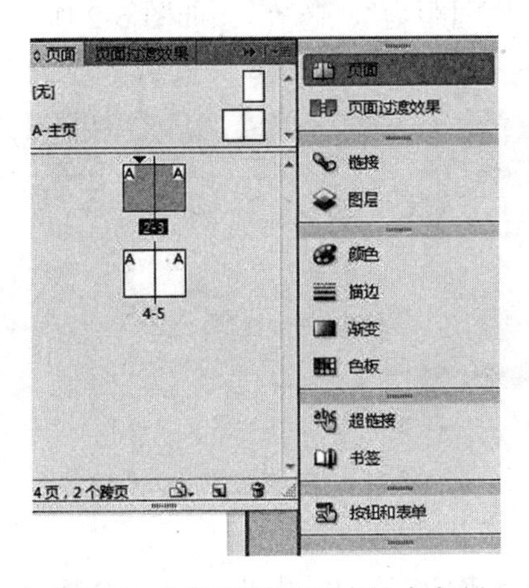

图 6-4　在“页面”面板中选中主页

(2)在主页中添加参考线

参考线是帮助设计人员规划版面的非打印线，在主页中加入参考线将出现在应用该主页的所有页面中。因此在主页中加入参考线可以对齐所有页面的相同元素。

①选择菜单“版面”→“创建参考线”。

②在弹出的“创建参考线”对话框中将“行数”设置为“4”，栏数设置为“3”，“行间距”和“栏间距”都设置为“0”，如图6-5所示。

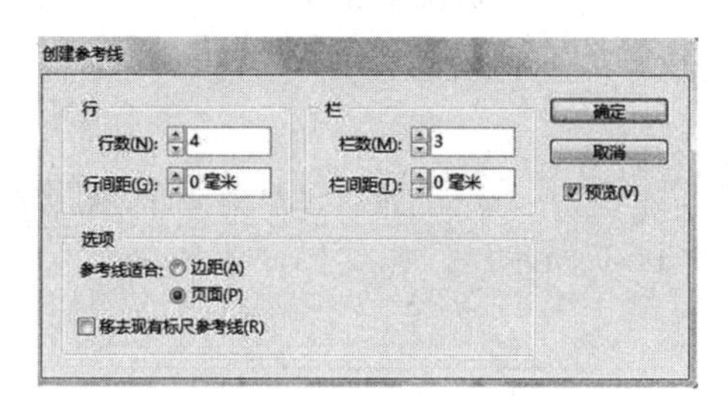

图6-5　设置参考线属性

③设置完成后，点击“确定”，页面上出现了如图6-6所示的参考线。再点击其他页面，会发现该参考线设置同样也出现在本文档的其他页面中。

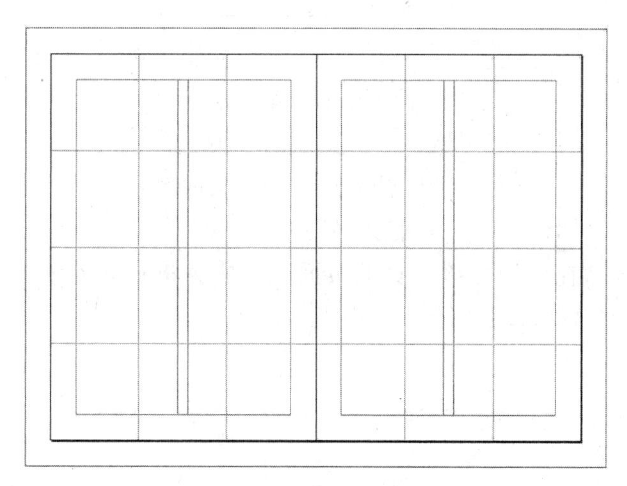

图6-6　设置了参考线的页面

【小窍门】

除了调用“创建参考线”对话框，还可以直接从水平和垂直标尺中拖曳出参考线，从而在各个页面中添加更多、更丰富的参考线。如果拖曳参考线时按住Ctrl(Windows)或Command(Mac OS)键，参考线将应用于整个跨页。

(3)在主页中插入页码

在主页中加入的所有文本和图形，都将出现在应用该主页的所有页面中，所以想要在一个多页面的长文档中加入页码，只需要在主页中添加页码就行了。这样就能让应用主页的每一页都显示页码。

①放大页面，将想要加入页码的位置(如左页的左下角)置于操作界面中央。

②从工具面板中选择文字工具，通过拖曳在左主页的第1栏左下方创建一个小型文本框架，如图6-7所示。

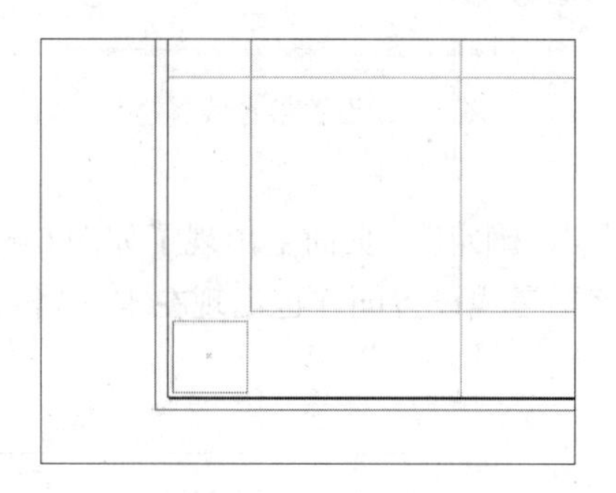

图6-7　插入文本框

③用鼠标单击文本框架，使插入点位于框架内部，选择菜单“文字”→“插入特殊字符”→“标识符”→“当前页码”。此时文本框架中将出现字母“A”(见图6-8)，这表示在应用了该主页的页面文档中，将自动显示出正确的页码，如在第二页中将显示数字“2”。

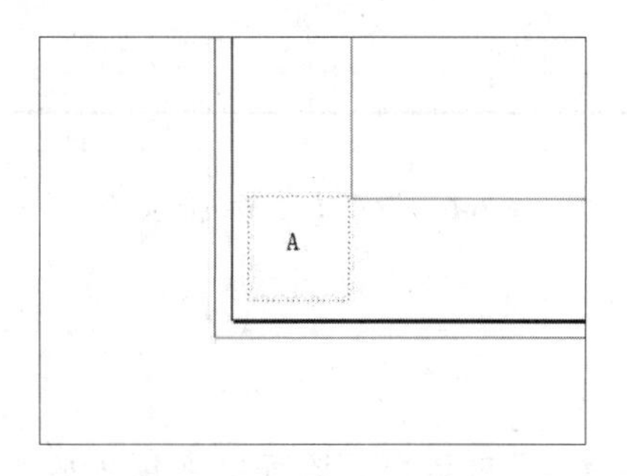

图6-8　在主页中插入页码

此外，还可以在主页中对页码进行变化，本书第 11 章将有详细演示，此处不再赘述。

6.1.3　创建其他主页

在长文档中，为了体现不同的内容特色和设计风格，需要设计不同主页。InDesign 在同一个文档中可以创建并独立使用多个不同的主页，也可以基于已有主页派生出新的主页。为了满足不同的设计需求，下面将对本文档的后两页页面创建并应用不同的主页。

(1)创建一个新的主页

①从页面面板菜单中选择“新建主页”或用鼠标右键单击页面面板中的主页图标，在弹出的下拉菜单中选择“新建主页”。

②在文本框“名称”中输入“layout-2”，在“基于主页”下拉列表中选择“A-主页”，再次单击“确定”按钮，如图 6-9 所示。

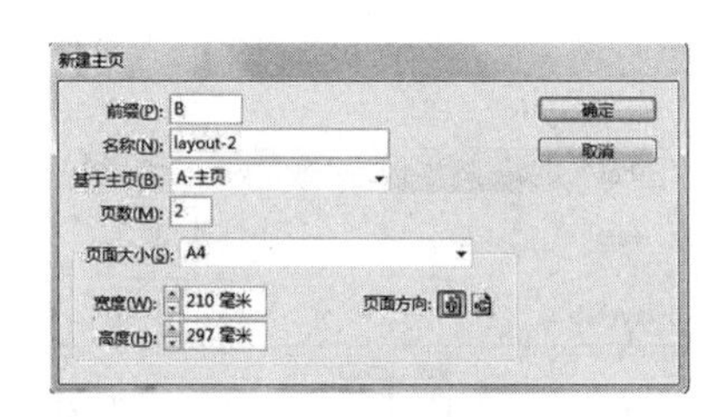

图 6-9　创建其他主页

③选中刚刚创建的主页“layout-2”，在菜单“版面”中选择“边距和分栏”。

④在“边距和分栏”对话框中，将栏数改为 3，再次单击“确定”按钮。可以看到刚刚设置的主页呈现出三栏的效果。由于我们是基于“A-主页”设置新主页的，因此“A-主页”中的图文对象也会出现在“layout-2”主页中左页下面的页码，如图 6-10 所示。

(2)将主页应用于文档页面

创建好所有的主页后，就可以将它们应用于文档页面。默认情况下，所有页面文档都采用副主页“A-主页”的图文格式。下面将刚刚新建的主页“layout-2”应用于该四页文稿的最后一个页面。

①在页面面板中，双击主页名“B-layout-2”，并确保所有的主页图标和文档页面图标都可见。

②将主页“B-layout-2”的作业面图标拖放到最后一页页面的图标上，等该

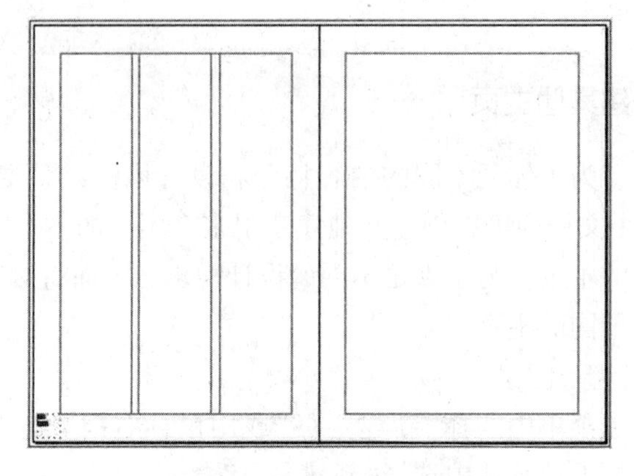

图 6-10　主页 layout-2 效果

文档页面图标出现黑色边框后，表明选定主页将应用于该页面，松开鼠标，如图 6-11 所示。

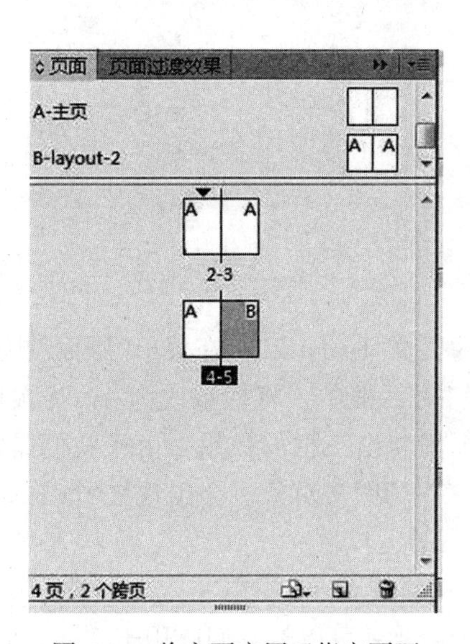

图 6-11　将主页应用于指定页面

③除了直接拖曳，还可以使用页面面板菜单命令。从页面面板菜单中选择“将主页应用于页面”。单击菜单“页面”→“将主页应用于页面”，在弹出的“应用主页”对话框中设定将主页 B-layout-2 应用于页面 5，再次单击“确定”，

如图 6-12 所示。

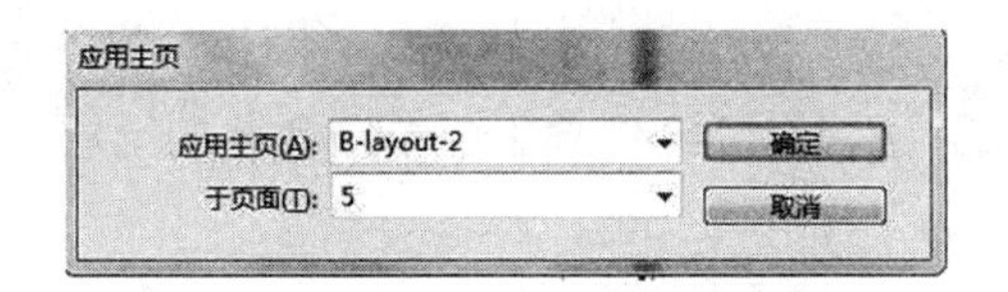

图 6-12　“应用主页”对话框

6.2　编辑图层实验

与 Photoshop 一样，InDesign 的每个文档都至少包含一个图层，通过使用多个图层，我们可以创建和编辑文档特定区域的各种内容，而不会影响其他区域或其他种类的内容。图层的应用对于排版复杂图文文档非常方便。如图 6-13 所示，“图层”面板显示了不同的图层，最前面的图层显示在面板的最顶部。图示中有 4 个图层，分别是插图“Boots”图层、网络链接 URL 图层、文字图层 Text，以及背景图层 Backdrop。

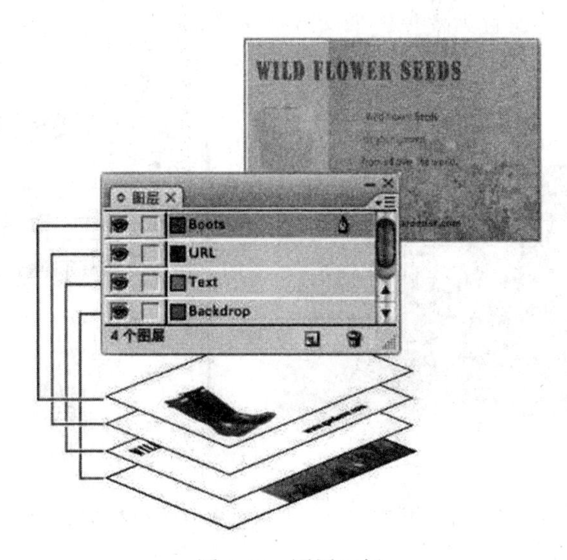

图 6-13　图层面板

6.2.1　创建图层

①在新建的空白文档中，单击“窗口”→“图层”命令，打开“图层”对话框，如图 6-14 所示，文档中已经包含了一个已命名的图层。

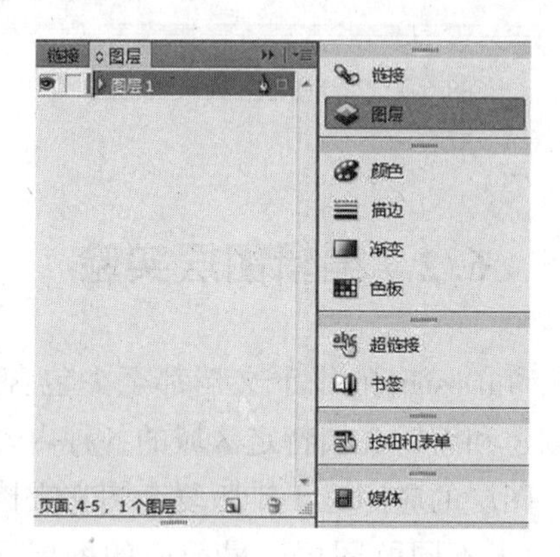

图 6-14　调用“图层”对话框

②使用“矩形”工具“”，在文档空白处拖曳出一个大小适中的矩形，然后将矩形的填充色设置为蓝色，如图 6-15 所示。

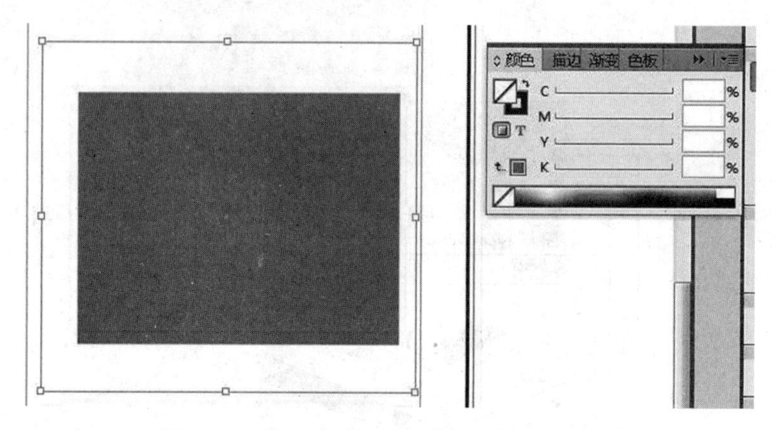

图 6-15　利用“色彩”面板将矩形填充为蓝色

③在“图层”调板的底部单击“创建新图层”按钮“”，新建“图层 2”，如图 6-16 所示。

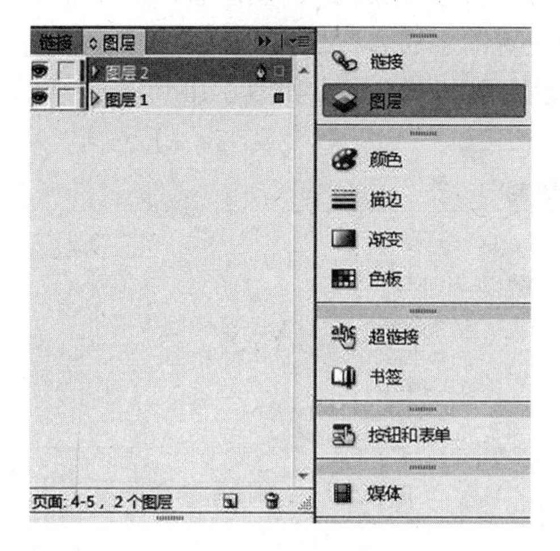

图 6-16 新建一个图层

【小窍门】

在“图层”面板中，显示钢笔图标“■”的图层为当前目标图层，在页面中创建或置入的任何对象都处在当前图层中。另外，如果用户按下“Ctrl”键的同时单击“创建新图层”按钮，可在当前选择图层的上方创建出新图层；如果在按下“Ctrl+Alt”键的同时单击“创建新图层”按钮，可在当前选择图层的下方创建出新图层。

④使用“钢笔”工具“■”，在视图中绘制不规则图形，然后为其填充渐变色，如图 6-17 所示。

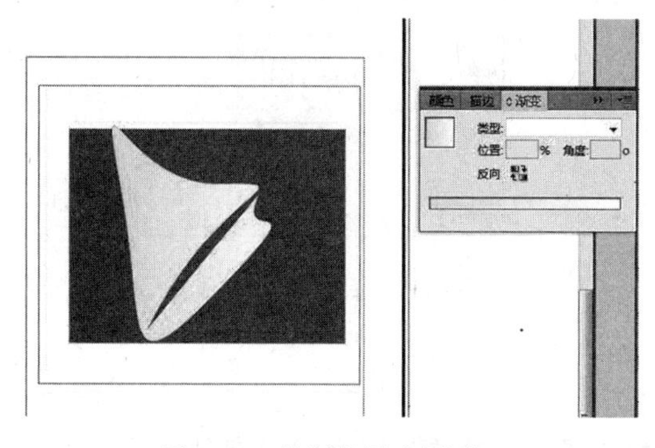

图 6-17 绘制并填充图形

⑤在“图层”调板中双击“图层 2”的图层名称，可打开“图层选项”对话框。在“名称”栏中重新设置图层的名称，在“颜色”下拉列表中可设置当前图层的颜色，然后启用“锁定图层”复选框，如图 6-18 所示。

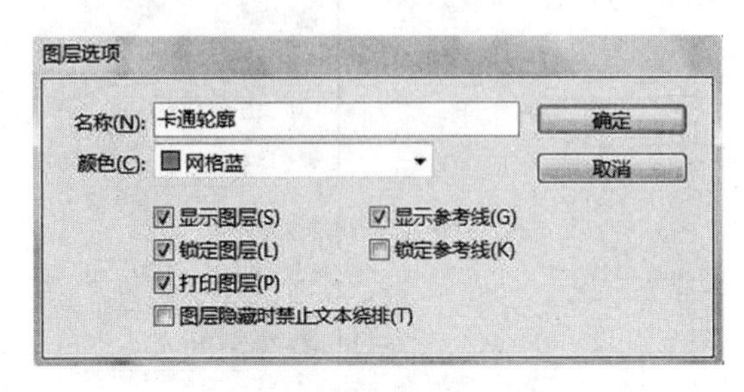

图 6-18　设置图层参数

⑥单击“确定”按钮，关闭“图层选项”对话框，“图层”面板中的“图层 2”将变成“卡通轮廓”图层，并且图层名称前的方框内出现一个小锁图标“ ”，表示该图层处于锁定状态，如图 6-19 所示。

图 6-19　新图层设置成功

【小窍门】

也可以单击相应图层名称前的空白方框来锁定当前图层，如果在小锁图标上单击，可解除当前图层的锁定状态。

6.2.2　选择、移动和复制图层上的选项

①选择特定图层上的所有对象，按住“Alt”键并单击“图层”面板中的图层，如图 6-20 所示，用上述方法选中的是 Text 图层，此时“图层”面板中的 Text 高亮显示，表示该图层上所有内容具备选中。从左侧的文档对象中，我们可以看到边框变灰的文本被选中。

图 6-20　选择图层

②要将图层上的对象移动或复制到另一个图层，需要单击选择工具“”，在图层面板上，拖动图层右侧的彩色小方框，将选中对象移动到其他图层。本例中我们单击第一个图层 Text 右侧的方框，将其拖动到第二个图层 Graphics 图层中，此时 Text 图层移动到了 Graphics 图层下方，注意观察图 6-20 和图 6-21 的区别。

图 6-21　移动图层

③复制图层。如果要复制图层，需要在“图层”面板菜单中，选择想要复

制的目标图层名称，单击右键，在弹出的对话框中单击选择“直接复制图层[图层名称]”。再将图层名称放到“图层”面板底部的新建图层“ ”按钮上。

④移动图层顺序，可以在“图层”面板上单击图层名称，拖动图层上下移动。

⑤在文档中图文对象过多的情况下排版，如果想要简化文档，不受其他对象的影响，可以选择隐藏图层，方法是单击“图层”面板中图层名称前面的“ ”按钮，如图 6-22 所示。图 6-22 显示了隐藏其他图层，只显示 Graphics 图层的效果。

图 6-22　隐藏图层

习　题

一、单选题

1. “设置图层”并不具备下列哪种作用？（　　）

A. 通过使用多个图层，不会影响其他区域或其他种类的内容

B. 可以创建和编辑文档特定区域的各种内容

C. 简化复杂图文文档的排版

D. 使文档可以以不同的格式输出

2. 下列哪种操作不能实现“创建”参考线？（　　）

A. 调用“创建参考线”对话框

B. 从水平标尺中拖曳出参考线

C. 从垂直标尺中拖曳出参考线

D. 用鼠标在页面画出参考线

3. 如何在当前选择图层的上方创建出新图层？（　　）

A. 按下“Ctrl”键的同时单击“创建新图层”按钮

B. 按下“Ctrl+Alt”键的同时单击“创建新图层”按钮

C. 双击“创建新图层”按钮

D. 按下“Alt”键的同时单击“创建新图层”按钮

二、操作题

1. 设置一个大小为 A4，共计 8 页，含 4 个对页的文档，要求出血为 3mm，左页面为起始页。

2. 设置一个含有 4 个页面的文档，每页右下角显示页码。

参考答案

一、单选题

1. D　2. D　3. A

二、操作题

1. ①选择菜单“文件”→“新建”→“文档”。

②在弹出的“新建文档”对话框中，修改属性，将“页数”修改为 8，将起始页码修改为“2”，确保选中“对页”选项框，以实现创建一个含有 4 个对页，8 个页面，以左页为起始页的多页文档。

③单击对话框右上角的“较多选项”按钮，对话框下方会出现“出血和辅助信息区”，在此处修改出血位置，设置为上下内外均为 30mm。

2. ①从页面面板菜单中选择“新建主页”或用鼠标右键单击页面面板中的主页图标，在弹出的下拉菜单中选择“新建主页”。

②在文本框“名称”中输入“layout-1”，在“基于主页”下拉列表中选择“A-主页”，再次单击“确定”按钮。

③放大页面，将想要加入页码的位置(右下角)置于操作界面中央。

④从工具面板中选择文字工具，通过拖曳在左主页的左下方创建一个小型文本框架。

⑤用鼠标单击文本框架，使插入点位于框架内部，选择菜单“文字”→“插入特殊字符”→“标识符”→“当前页码”。

⑥单击“确定”，生成页码。

第7章　绘制与编辑图形

【实验目的与要求】

本实验简要介绍 InDesign 绘图工具的使用方法，包括直线工具、矩形工具、钢笔工具等，还介绍了色彩的基本原理及色彩与图形的配合使用。

【背景知识】

InDesign 自带的绘图工具，如直线工具、矩形工具、钢笔工具等可以帮助我们绘制简单的图形，完善文档。绘制完成的图形可以通过色彩工具进行填充和变化，以使版面更加丰富。

【实验步骤】

本实验将处理一篇共两页的文章，由一个跨页组成，如图 7-1 所示。

图 7-1　本章实验完成后效果图

7.1　使用形状工具绘制图形实验

InDesign 中包含多种形状工具，主要有直线工具、矩形工具、椭圆工具、多边形工具、铅笔工具等。掌握形状工具的使用方法，灵活运用形状工具，能够使排版形式丰富多样。

7.1.1　直线工具的使用

根据图 7-1 所示，本实验需要绘制波浪线的底纹，可以使用直线工具“⟋”。

(1)熟悉直线工具

①打开 InDesign 软件，新建一个跨页，单击工具栏里的“⟋”，光标变成十字准星。拖动鼠标可以画出直线。直线外蓝色的框称为“框架”，可以通过移动框架上的 8 个点调节图形大小，也能直接拖动框架来变换图形位置。框架功能适用于图形、图像和文字内容，如图 7-2 所示。

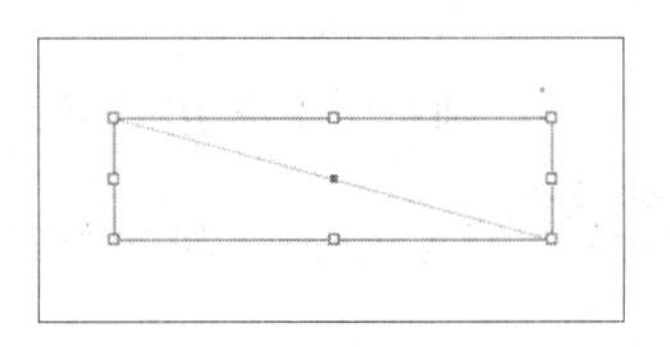

图 7-2　创建框架

②按住“Shift”键，重复上述步骤，则可以画出水平线、垂线或者倾角为 45°的斜线，如图 7-3 所示。

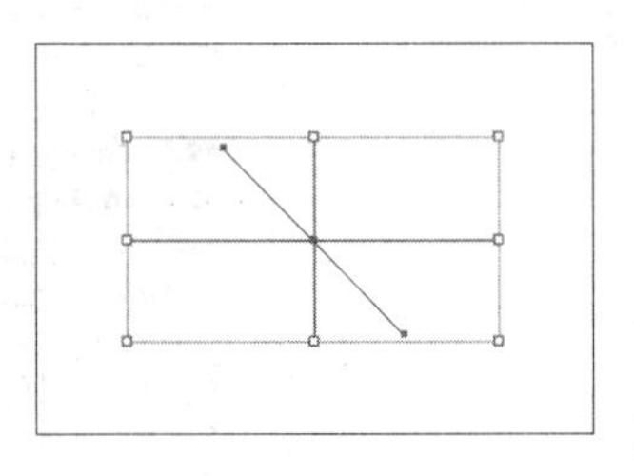

图 7-3　完善框架

③控制面板可以调节直线工具的各种参数，如图 7-4 所示。

图 7-4　控制面板中的直线工具参数

④在控制面板选择“”，弹出“描边”菜单，可以在此菜单中对线条颜色、色调等参数进行调节，如图 7-5 所示。

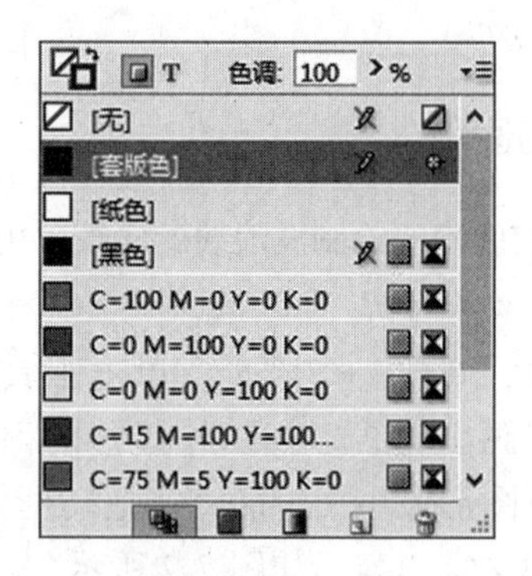

图 7-5　用描边菜单给直线和框架填色

注意：如果选择“[无]”，则图形无描边，直线会消失。

⑤在控制面板选择“0.283 点”，能调节描边的粗细和线形，如图 7-6、图 7-7 所示。

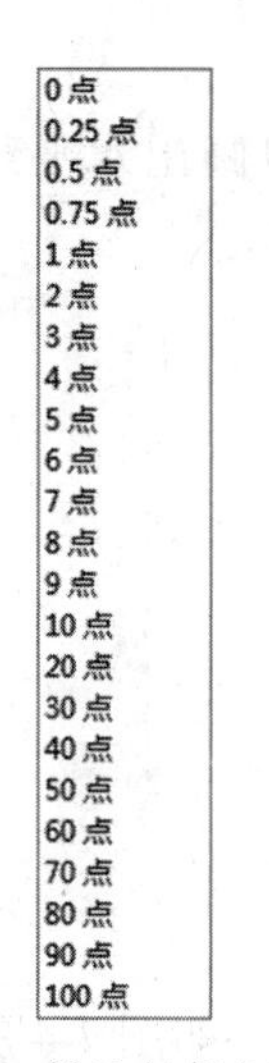

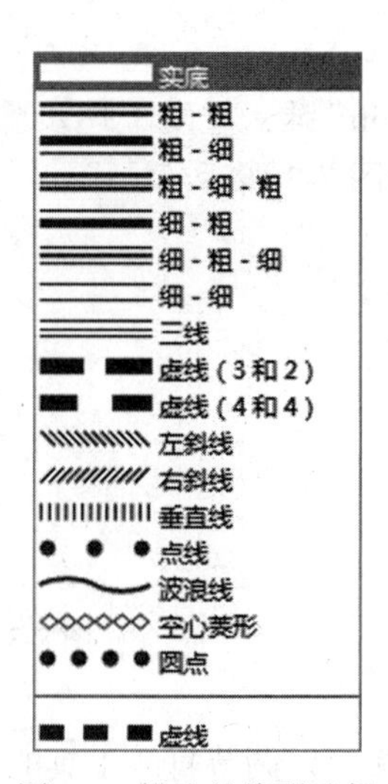

图 7-6　描边的粗细选择　　　图 7-7　描边的线形选择

(2)波浪线底纹的绘制

①单击“ ”工具，按住“Shift”键，绘制出一条直线，如图 7-8 所示。

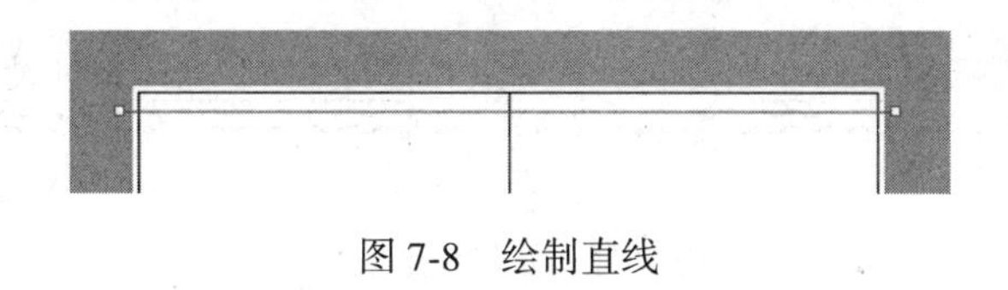

图 7-8 绘制直线

②选中直线，单击“ ”，选择“波浪线”。单击“0.283 点”，选择 9 点。

③双击工具栏中的“ ”，弹出“拾色器”。输入颜色 CMYK 参数：C=81，M=54，Y=0，K=0，如图 7-9 所示。

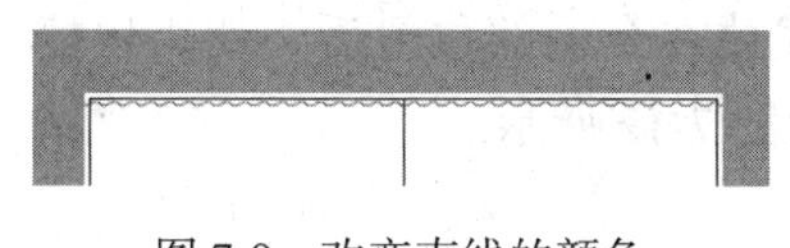

图 7-9 改变直线的颜色

【小窍门】

在“拾色器”中拾取颜色后，单击“添加 CMYK 色板”，此颜色就会被添加到色板中，方便下次使用，如图 7-10 所示。

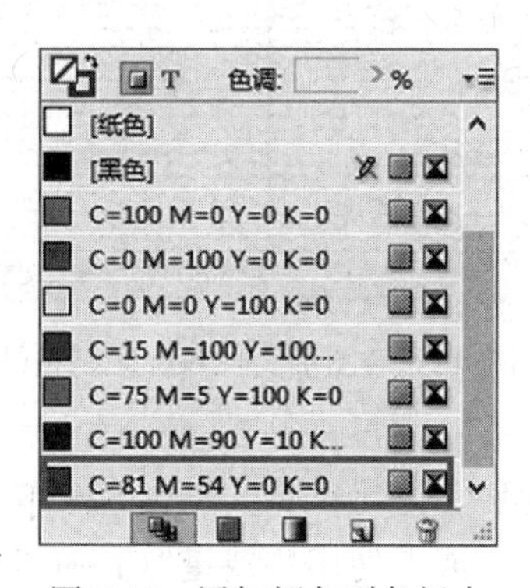

图 7-10 添加颜色到色板中

④选中波浪线，使用快捷键“Alt”，此时鼠标变成“▶”，拖动鼠标即可复制波浪线，如图7-11所示。

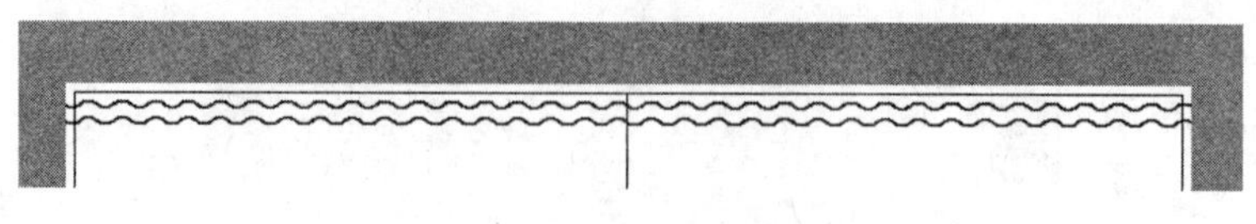

图7-11　复制图形对象

【小窍门】

使用快捷键“Alt+Shift”，重复步骤④，可以使复制出来的图形与原图形水平或者垂直对齐。

⑤将第二条波浪线放在合适的位置后，使用快捷键“Alt+Ctrl+Shift+D”，实现多次复制粘贴，如图7-12所示。

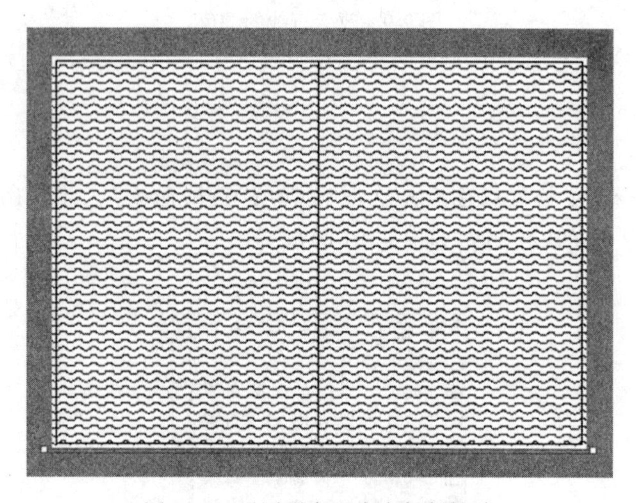

图7-12　对图形实现多次复制粘贴

⑥为了方便对所有波浪线进行变形、移动等操作，需要进行编组。选中所有线条，右键选择“编组”，或者使用快捷键“Ctrl+G”。

7.1.2　矩形工具的使用

根据图 7-1 所示，需要在波浪线底纹上绘制一个白色圆角矩形。

(1)熟悉矩形工具

①单击工具栏的“■”，在页面上绘制一个矩形，如图 7-13 所示。

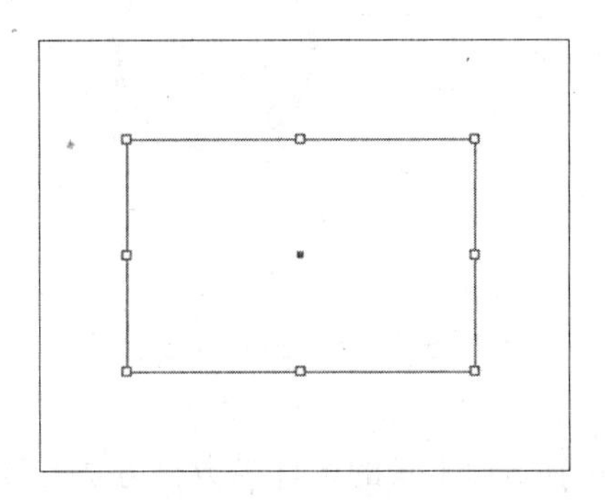

图 7-13　绘制矩形

②按住“Shift”，拖动鼠标，可以绘制出正方形。按住“Alt”键，拖动鼠标，可以绘制出以鼠标指针为中心的矩形。使用快捷键“Shift+Alt”，拖动鼠标，可绘制出以鼠标指针为中心的正方形，如图 7-14 所示。

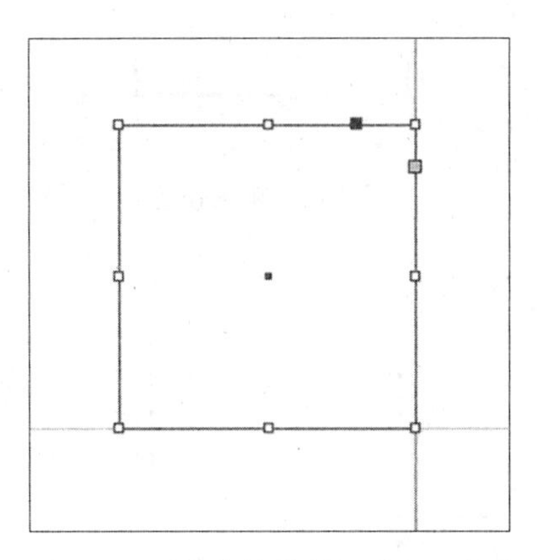

图 7-14　用快捷键绘制矩形和正方形

③长按或者右键单击“■”，弹出菜单“矩形工具 M 椭圆工具 L 多边形工具”，可绘制椭圆、多边形，

操作与矩形工具相同，如图 7-15 所示。

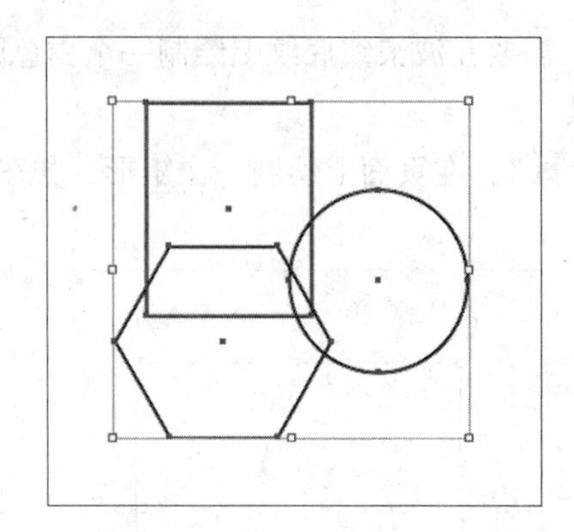

图 7-15　绘制椭圆形和多边形

④控制面板可以调节矩形工具的各种参数，方法与直线工具基本相同，这里就不再赘述，如图 7-16、图 7-17 所示。

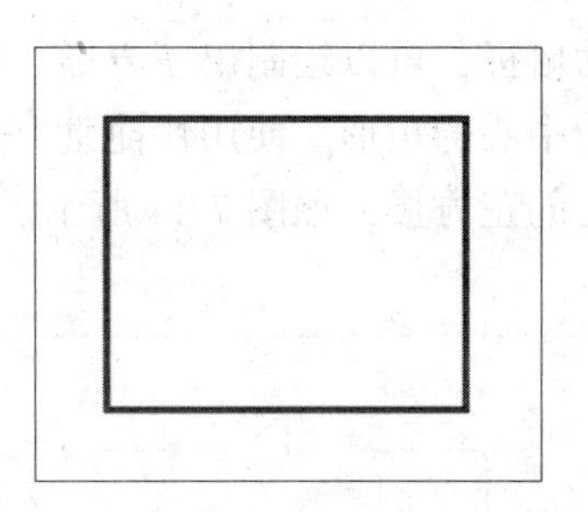

图 7-16　粗细设置

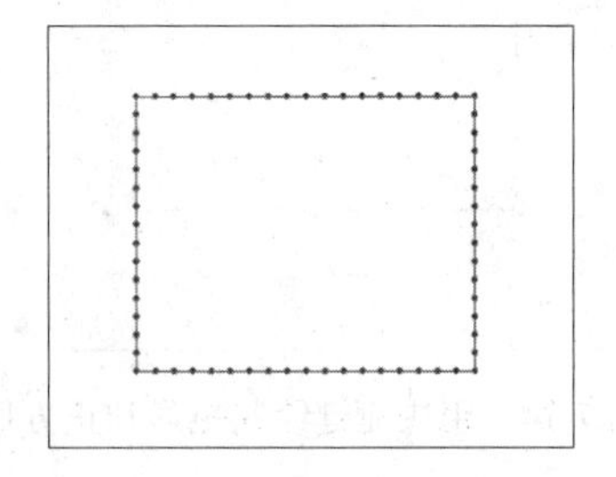

图 7-17　线形设置

⑤单击控制面板的“⧄”，选择颜色填充，如图 7-18、图 7-19 所示。

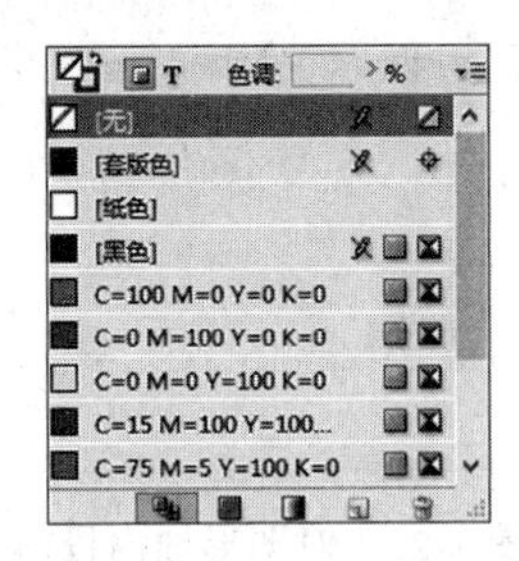

图 7-18　用颜色填充边框

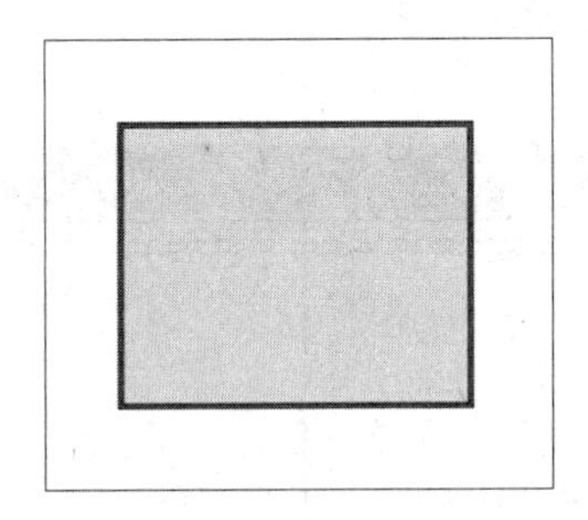

图 7-19　用颜色填充形状

⑥控制面板中“fx.”，可以对图形进行修改和美化，如图 7-20、图 7-21 所示。

图 7-20　对图形加投影

(2) 白色圆角方框的绘制

①按照上述步骤，绘制一个边框，填充选择“纸色”，描边选择“无”，调

图 7-21　对图形加内投影

整到适当位置，如图 7-22 所示。

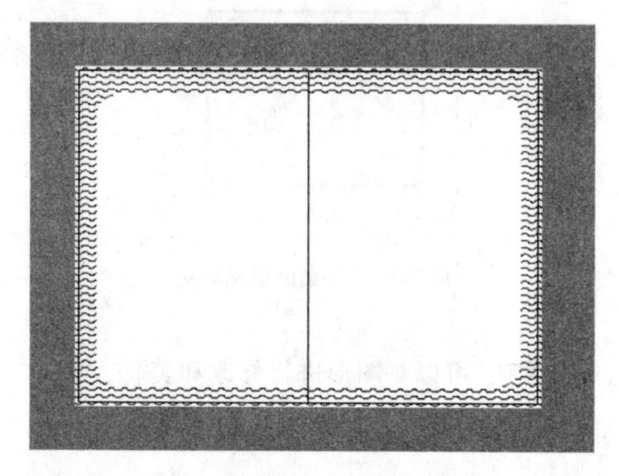

图 7-22　绘制一个空白方框

②选中白色方框，单击控制面板“ ”，选择“圆角”。在“ 5毫米 ”调整圆角参数为 20 毫米，如图 7-23 所示。

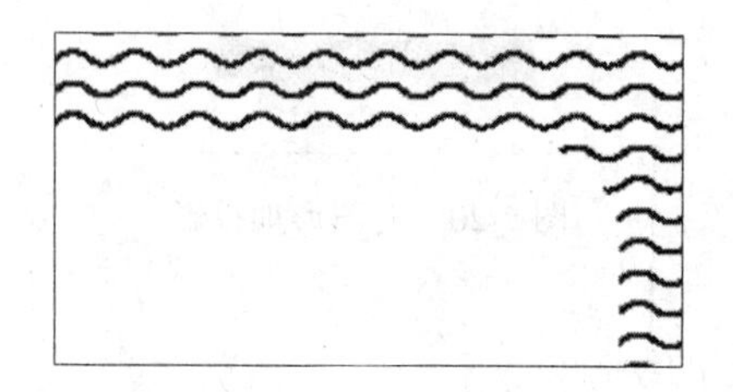

图 7-23　调整方框圆角参数

【小窍门】

选中矩形，调整框上有一个黄色方块，点击后矩形调整框每个角变成黄色菱形，移动菱形可使矩形角变成圆角，如图 7-24、图 7-25 所示。

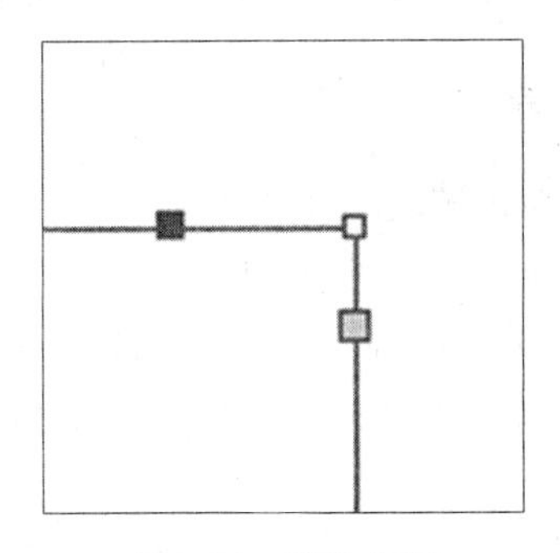

图 7-24　黄色方框

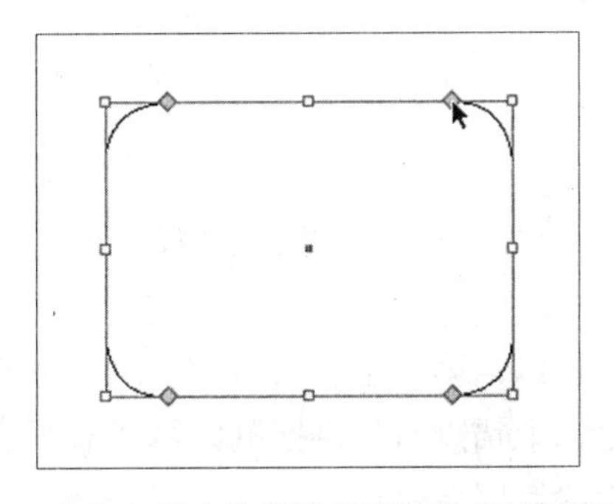

图 7-25　黄色方框变成菱形后可以拖动鼠标调整圆角

③为了避免在背景上操作时误移动背景，需要将背景锁定。选中波浪线底纹和白色方框，右键选择“锁定”，或者使用快捷键“Ctrl+L”。锁定后若还需对背景进行修改，可选择菜单栏中“对象”→“解锁跨页上的所有内容”，或者使用快捷键“Alt+Ctrl+L”。

7.2　使用钢笔工具绘制图形实验

钢笔工具是绘图软件中常用的工具。用户可以使用钢笔工具绘制路径，并且根据需要编辑路径。钢笔工具画出的路径是通过函数计算形成的矢量线条，因此无论放大缩小，都能保持线条的平滑。

Adobe 公司的多款软件都包含钢笔工具，基本使用方法类似，但也有各自的特点。本节将介绍 InDesign 中钢笔工具的使用与编辑。

根据图 7-1 所示，需要使用钢笔工具绘制一条鲸鱼。

7.2.1　熟悉钢笔工具

①打开图 7-1 文件，单击工具栏里的“”，鼠标变成“钢笔工具”后，在页面上单击一次，可看到单击过的地方画出一个蓝色实心方形，这个点称为“锚点”。再在另外一处点击，绘制出第二个锚点，可看到两个锚点被一条蓝色带点的直线连接，这条直线就是“路径”。如图 7-26 所示。

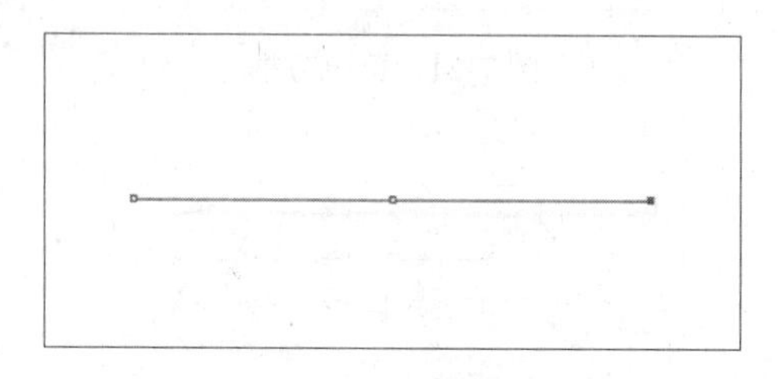

图 7-26　用钢笔创建直线路径

②再次点击鼠标，可以以第二个锚点为起点，绘制出第二条路径，以此类推。当绘制三个或三个以上锚点后，再把鼠标移到第一个锚点，鼠标会变成带圆圈的钢笔，单击就能绘制闭合路径，如图 7-27 所示。

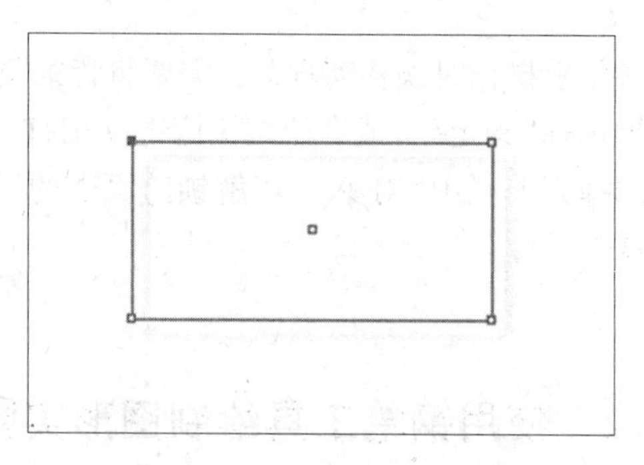

图 7-27　用钢笔创建矩形路径

【小窍门】

若已经绘制好一个路径，需要再绘制一个新路径，可以按住“Ctrl”，此时鼠标变成箭头，点击一下页面，再放开“Ctrl”，就可绘制一个新路径。

③绘制好路径后，可以再根据需要增减锚点。长按或者右键单击“ ”，弹出菜单，选择“添加锚点工具”，此时鼠标变成带有“+”的钢笔，在已经绘制好的路径上点击，就能增加锚点。“删除锚点工具”操作类似，点击已有的锚点就能删除此锚点。如图7-28、图7-29所示。

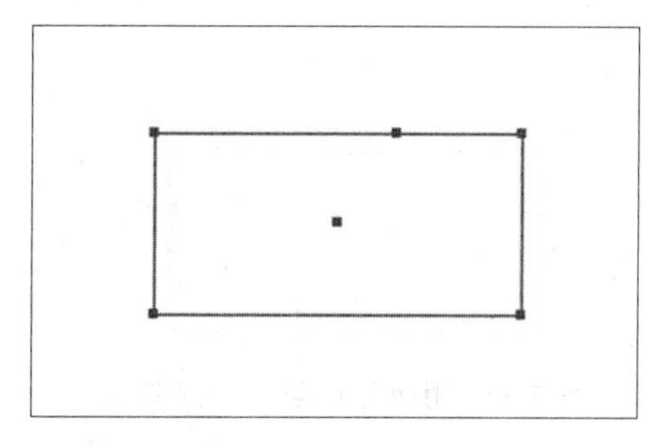

图7-28　添加锚点

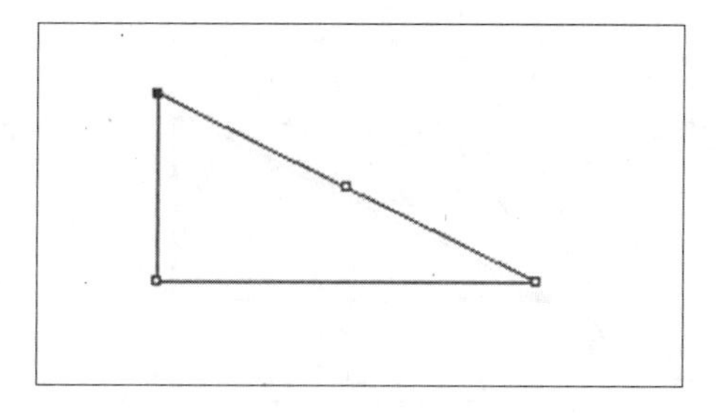

图7-29　删除锚点

【小窍门】

当使用“添加锚点工具”时，按住“Alt”，“添加锚点工具”就会变成“删除锚点工具”；使用“删除锚点工具”，按住“Alt”，“删除锚点工具”则会变成“添加锚点工具”。

④路径的一大亮点就是能够绘制出平滑的曲线，绘制曲线有两种方式。第

一种是先绘制一个锚点，在绘制第二个锚点的时候按住鼠标左键拖动，就能绘制出一条曲线，这种方式绘制出的曲线比较随意。

第二种是使用钢笔工具中的"转换方向点工具"。

首先绘制三个锚点，然后长按或者右键单击" "，弹出菜单，选择"转换方向点工具 Shift+C"，此时鼠标变成折角，移动到已经绘制的锚点上单击，拖动鼠标，就能将路径转换为曲线。如图 7-30、图 7-31 所示。

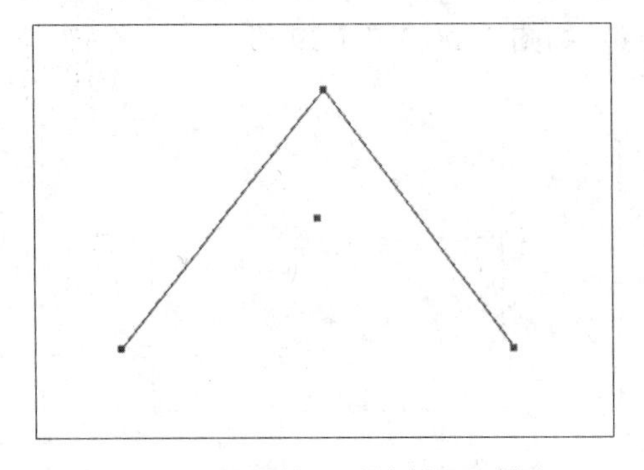

图 7-30　用钢笔工具绘制三个锚点

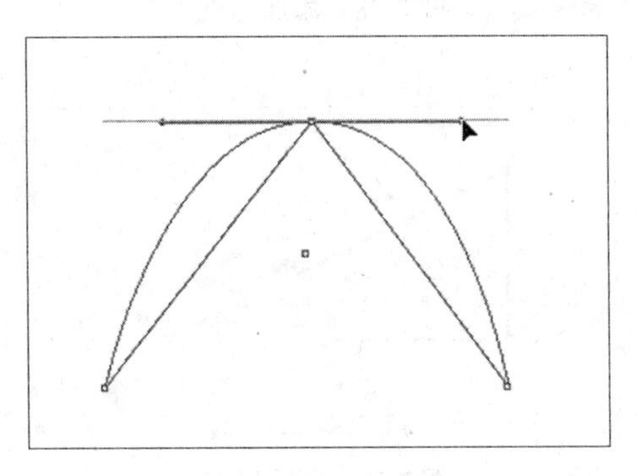

图 7-31　用转换方向点工具绘制平滑曲线

【小窍门】

使用"钢笔工具"时，按住"Alt"，"钢笔工具"则会变成"转换方向点工具"；反之无效。

⑤绘制好路径工具后，也可以对路径的颜色、粗细、线形进行设置，操作与图形工具相同。效果如图 7-32、图 7-33 所示。

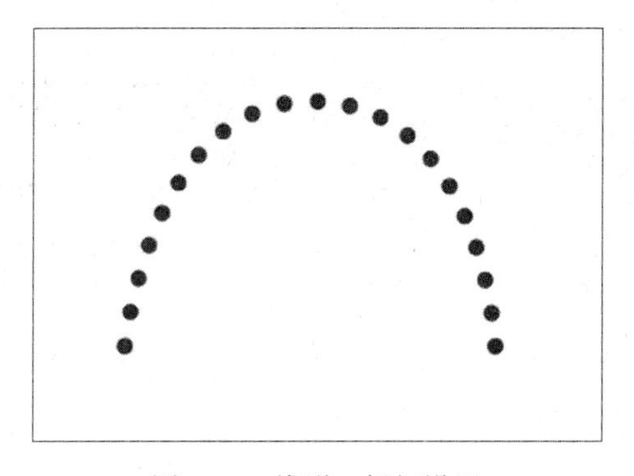

图 7-32 线形、粗细设置

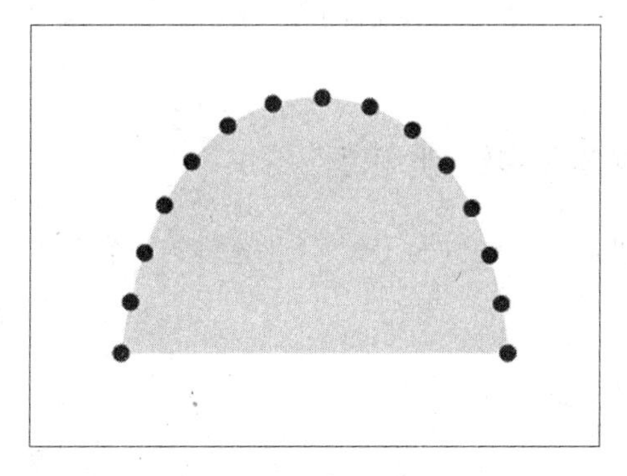

图 7-33 路径填充

⑥前面所提到的图形工具是路径的一种，因此图形工具与钢笔工具可以配合使用，钢笔工具里的添加、删除锚点和转换方向点工具同样适用于图形工具，如图 7-34、图 7-35 所示。

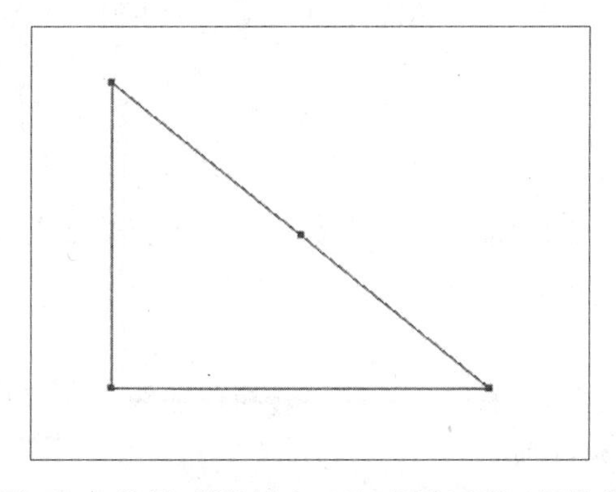

图 7-34 使用“删除锚点工具”删除矩形工具锚点

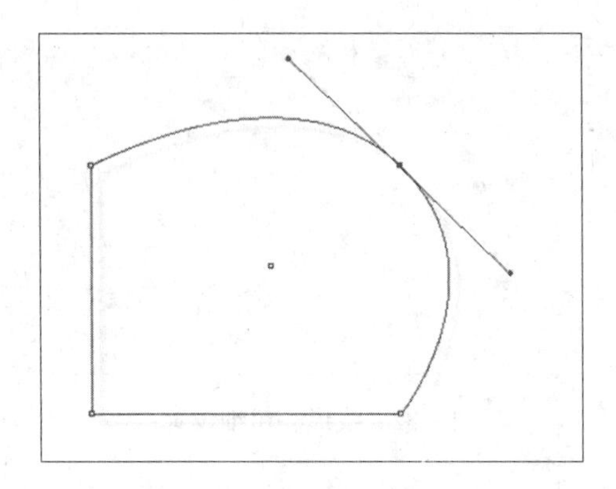

图 7-35　使用“转换方向点工具”将矩形的角转换成曲线

7.2.2　使用钢笔工具绘制“鲸鱼”

① 单击工具栏“ ”，在页面上绘制出鲸鱼的大致样子，如图 7-36 所示。

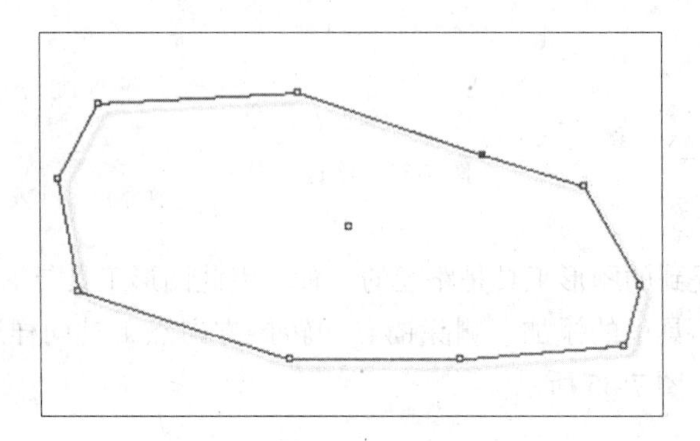

图 7-36　用钢笔工具绘制不规则图形

【小窍门】

绘制完路径后，按住“ctrl”，鼠标变成带空心方块的箭头，此时点击锚点可移动锚点的位置，且不会影响到其他锚点位置。

② 使用“转换点方向工具”，把路径转换成曲线，给路径填充“纸色”，描边选择“无”，如图 7-37 所示。

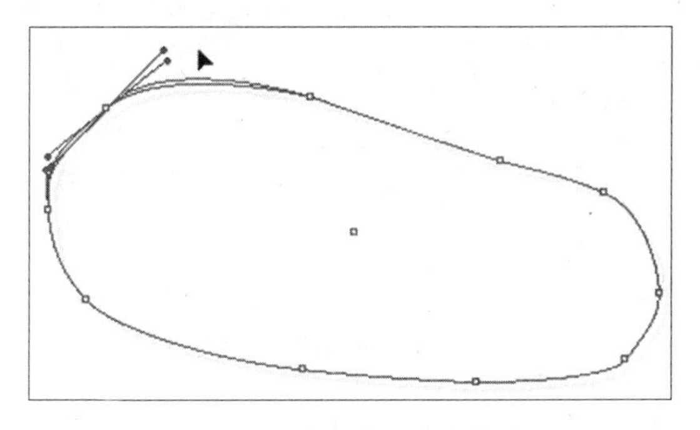

图 7-37　转换路径成为曲线

③ 选中波浪线，使用快捷键“Alt”，此时鼠标变成“ ”，拖动鼠标即可复制路径。复制的路径颜色 CMYK 参数：C = 81，M = 54，Y = 0，K = 0，如图 7-38 所示。

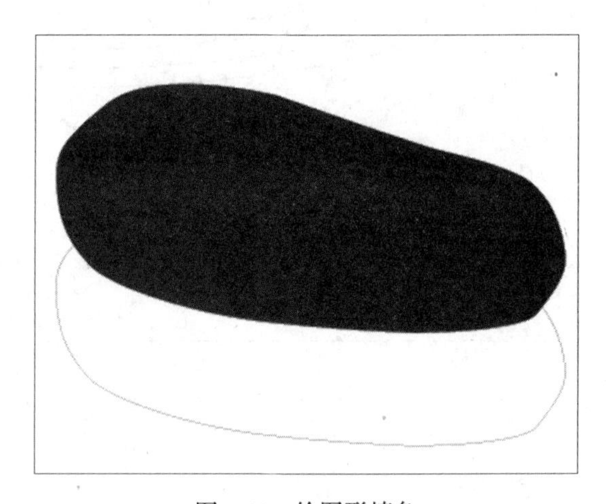

图 7-38　给图形填色

④ 使用“钢笔工具”绘制一条路径，用“转换方向点工具”转换直线为曲线，设置颜色参数：C = 81，M = 54，Y = 0，K = 0，粗细为“1 点”。然后选中曲线，使用快捷键“Alt”，此时鼠标变成“ ”，拖动鼠标即可复制曲线。重复如上步骤，绘制出四条曲线。对四条曲线进行编组，如图 7-39 所示。

⑤ 选中图 7-39 图形，右键选择“剪切”，然后选中步骤②所绘图形，右键选择“贴入内部”。将鼠标移动到曲线上，鼠标会变成手掌样，曲线上出现半

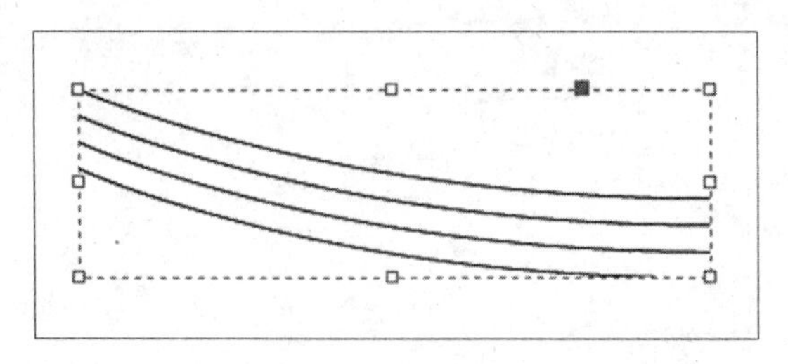

图 7-39　绘制编组曲线

透明同心圆，单击同心圆可调整曲线位置和大小，如图 7-40、图 7-41 所示。

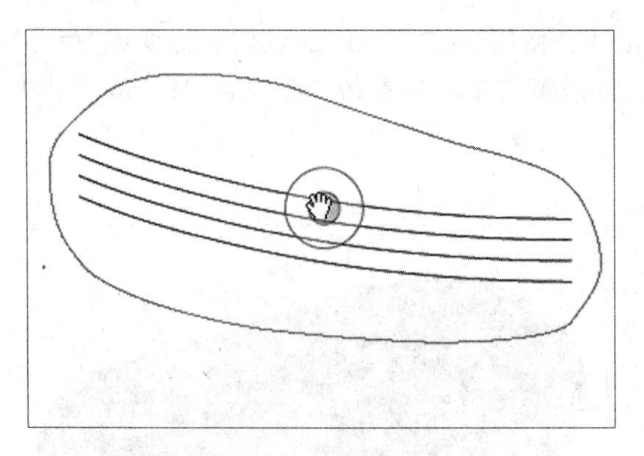

图 7-40　移动曲线

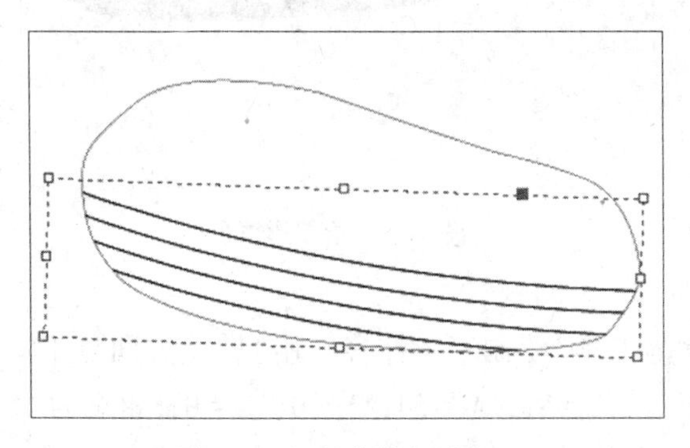

图 7-41　调整曲线相对位置

⑥ 使用步骤⑤的方法，把步骤⑤所绘图形贴入步骤④所绘图形中，调整图形位置。注意，此时双击步骤⑤所绘图形，依旧能调整内部曲线的位置和大

小，如图 7-42 所示。

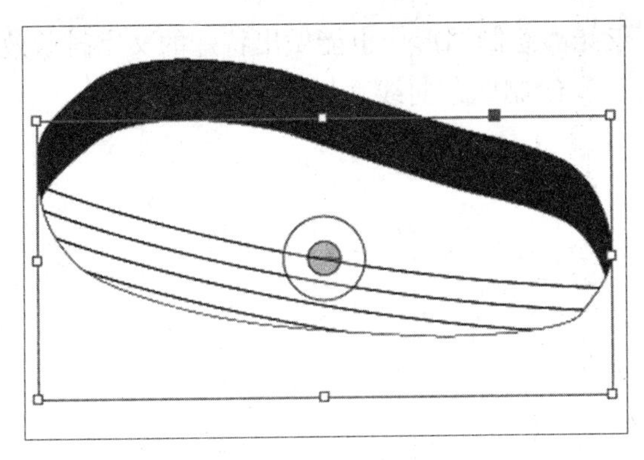

图 7-42　叠加图形

⑦使用“形状工具”的“圆形工具”，画上鲸鱼的眼睛。再对细节进行调整，一条简单的鲸鱼就绘制完成，如图 7-43 所示。

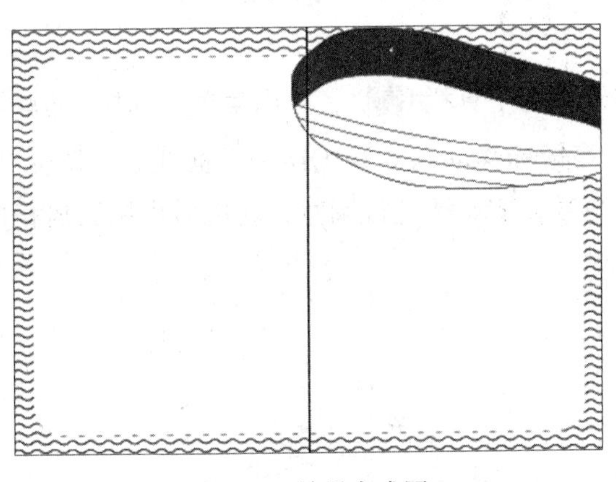

图 7-43　效果完成图

最后插入图片和文字，一个海洋风格的排版就制作完成。图片与文字的插入、编辑方法请参照第 5 章“植入与编辑图像”和第 6 章“输入与格式化文本”。

InDesign 中的钢笔工具的基本使用方法同样适用于 Photoshop、Illustrator 等软件。巧妙利用钢笔工具，可以绘制出丰富多彩的图形，使排版别具风格，充满趣味。

7.2.3　钢笔工具的其他应用

钢笔工具不仅能够绘制图形，也能做出特殊的文字排版效果。

①用“钢笔工具”绘制四条曲线，如图 7-44 所示。

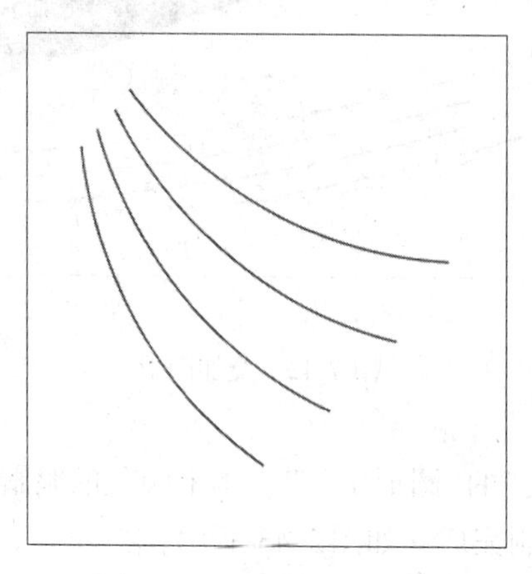

图 7-44　用钢笔绘制曲线

②长按或右键单击工具栏“T”，弹出菜单，选择“路径文字工具 Shift+T”，此时鼠标变成“”，当鼠标移动到步骤①绘制的曲线时，鼠标会出现“+”，单击即可输入文字。再对文字参数进行调整，就能做出别具风格的文字排版效果，如图 7-45 所示。

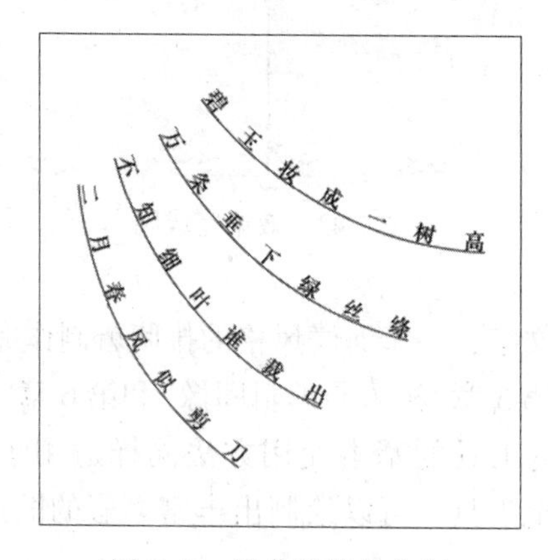

图 7-45　沿曲线绕排文字

③路径文字工具也适用于图形工具，使用方式与步骤①②相同，如图 7-46 所示。

图 7-46　圆形工具与路径文字工具结合使用

7.2.4　铅笔工具

铅笔工具“”是一种常用的绘图工具，用户可以使用铅笔工具自由绘制图形，从而使排版有着别致的涂鸦风格，如图 7-47 所示。铅笔工具绘制出的线条实际上是由多个锚点连接的曲线构成，因此使用铅笔工具绘制完线条后，可以使用钢笔工具调节锚点。铅笔工具自带“平滑工具”和“抹除工具”，用户可以对已经绘制出的线条进行调节。

图 7-47　用铅笔工具绘制自由图形

铅笔工具需要用户用鼠标控制绘图，如果使用专业的数位板，则效果更佳。

7.3　为图形设置与编辑颜色实验

InDesign 为用户提供了功能强大的色彩管理模块，可以利用色板、填色、描边等面板对象实现色彩编辑，使版面更加丰富多彩。

7.3.1　颜色模式

颜色模式是随着数字技术发展而产生的一种用来表示颜色的算法。不同的颜色模式有相应的算法，使用不同的数值来表示颜色。InDesign 中的颜色模式有三种，RGB、CMYK 和 Lab。

（1）RGB 模式

太阳光形成的颜色和印刷物品反射形成的颜色原理不同，太阳光形成的颜色属于“加法原则”成色，即采用三原色——红 Red、绿 Green、蓝 Blue 的叠加产生白光。根据此原则形成的色彩都可以用一定的 RGB 值表示，如黄色的 RGB 值是 R=255，G=255，B=0。RGB 模式多应用于显示器、数码相机、投影仪等电子设备。

（2）CMYK 模式

CMYK 模式是属于“减法原则”成色。因为不同的物体吸收和反射的波长不同，最终人眼看到的是已经减去被吸收的颜色而剩余的颜色。CMYK 模式是利用青色 C、洋红 M、黄色 Y 三种色调整浓度混合出各种颜色的颜料，由于材料和技术上的限制，三种颜色调出的色彩有限，因此又加入了黑 K，用来调节颜色的明度和纯度。但是相对来说，CMYK 模式下的颜色丰富程度还是不及 RGB，因此就存在色差问题，即印刷成品显示的色彩与电脑原稿显示的色彩有一定不同。CMYK 模式多用于打印机、印刷机等。

印刷中还有“专色”概念，专色是指不通过 C、M、Y、K 四种颜色混合产生的颜色，在印刷过程中需要使用特殊的油墨。例如金色，无法通过 C、M、Y、K 调配出，就需要加入特殊的荧光材料来做出金色的效果。

（3）Lab 模式是由国际照明委员会（CIE）于 1976 年公布的一种色彩模式。它是 CIE 组织确定的一个理论上包括了人眼可见的所有色彩的色彩模式。Lab 模式弥补了 RGB 与 CMYK 两种彩色模式的不足，是 Adobe 旗下各种图像处理软件用来从一种色彩模式向另一种色彩模式转换时使用的内部色彩模式。Lab不依赖于光线及颜料。包括L、a、b三种通道。L代表明度也就是颜色的明暗程度，数值越少越暗，越大越亮；a代表绿色至紫红色的色彩范围；b代表蓝色至黄色的色彩范围。这些颜色混合后可以得到任何我们需要的颜色。

Lab颜色模式所定义的色彩最多，且与光线及设备无关，并且处理速度与RGB模式同样快，比CMYK颜色模式快很多。因此，可以放心大胆地在图像编辑中使用Lab颜色模式。而且，Lab颜色模式在转换成CMYK颜色模式时色彩没有丢失或被替换。因此，最佳避免色彩损失的方法是：应用Lab颜色模式编辑图像，再转换为CMYK颜色模式打印输出。

当我们将RGB颜色模式转换成CMYK颜色模式时，InDesign自动将RGB模式转换为Lab颜色模式，再转换为CMYK颜色模式。在表达色彩范围上，处于第一位是Lab颜色模式，第二位是RGB颜色模式，第三位是CMYK颜色模式。

7.3.2 InDesign中的色彩设置与编辑

用户在InDesign中可以设置文字、图形等元素的颜色，同时InDesign也提供色彩渐变等功能。

(1)色板

①色板就像一个颜色库，用户可以根据需要使用色板中的颜色，也能保存特殊的颜色以供下次使用，如图7-48所示。前文已经提到单击控制面板的“填充”和“描线”旁的箭头能够打开色板，如图7-49所示。另外可以在“高级工作区”打开色板，如图7-50所示。如果在“高级工作区”无法找到色板，可以按照“窗口”→“颜色”→“色板”步骤或者单击F5键打开色板。

②色板各功能区简介。

“”互换填充和描边：更换填充和描边的颜色。

“”格式针对容器、格式针对文字：选中图形、框架时，会自动跳到“格式针对容器”，选择文字时，会跳到“格式针对文字”。主要用以提醒用户现在的色板是针对什么内容，以免产生误操作。

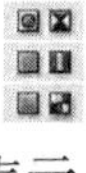

“”专色、色彩模式：左边的符号表示是专色还是普通印刷色，专色以圆圈表示；右边的符号为色彩模式。图中从上至下分别是CMYK、RGB、Lab模式。

“”功能区：从左往右分别是“显示全部色板”、

图 7-48　色板界面

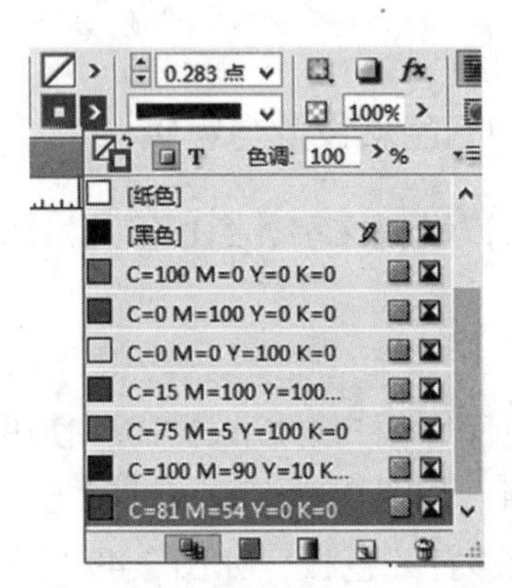

图 7-49　在“控制面板”打开色板

图 7-50　在“高级工作区”打开色板

“显示颜色色板”、“显示渐变色板”、“新建色板”和“删除色板”。

双击色板中的颜色还可以重新设置颜色参数(带“ ”的颜色无法编辑)。

③创建与保存颜色。有时色板中的颜色不能满足设计要求，这就需要用户自己调配颜色。双击工具栏“ ”，会打开“拾色器”，用户可以在拾色器中选择合适的颜色，或者直接键入色彩参数，如图 7-51 所示。选择好颜色后，单击“添加到色板”即可保存此颜色。需要注意的是，拾色器显示的颜色均为 RGB 模式的颜色，所以电脑显示的文件和实际打印出来的成品会有色差。

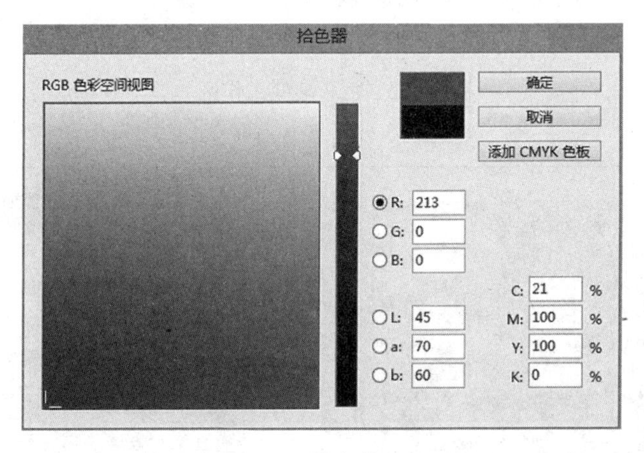

图 7-51　拾色器面板

(2)颜色渐变

有时纯色不能很好地体现排版效果，需要使用颜色渐变。

①用矩形工具绘制一个矩形，单击高级工作区的“渐变”。此时还无法使用渐变，需要单击渐变功能模块上的渐变样式缩图或者渐变色条，如图 7-52 所示。

②单击渐变色条下的方形滑块(称为“色标”)，再双击工具栏的拾色器，选择颜色，如图 7-53 所示。右键滑块，选择“添加到色板”，可以将此渐变色添加到色板以供下次使用。移动渐变色条上的菱形滑块，可以调节颜色的分布，在“位置”栏中也会显示当前的菱形滑块位置。

③渐变类型设置。默认的渐变类型为线形，除了线形还有径向。径向效果如图 7-54 所示。用户还可以调节渐变的角度以及转换两种颜色的位置。

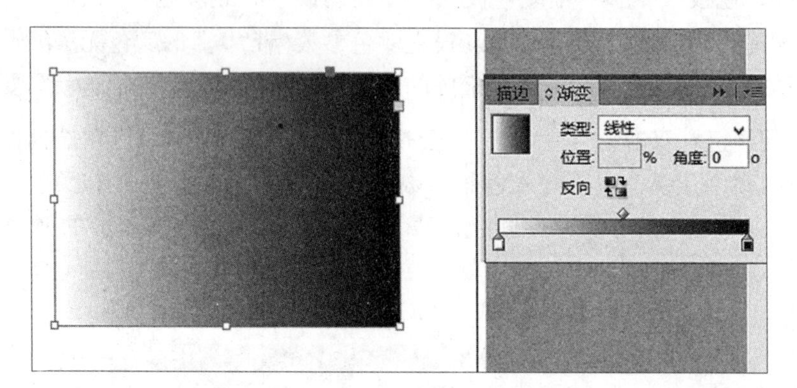

图 7-52　色彩渐变工作区

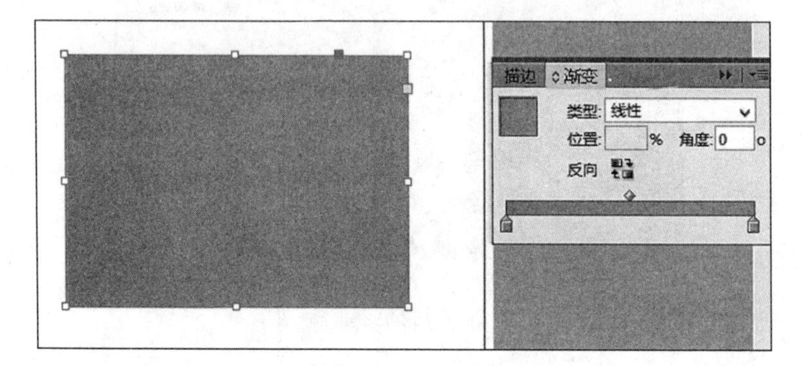

图 7-53　双色渐变

图 7-54　双色径向渐变

7.4　图形变换实验

图形变换包括图形的缩放、变形、裁剪以及重复变换等。InDesign 中的图形种类不多，但是通过图形变换及组合可以创造出千变万化的图形。

7.4.1　图形变换

本章 7.1 节已经提到使用图形自带的框架对图形进行缩放与变形，这里不再赘述。除了使用框架变换图形外，还可以使用 InDesign 自带的变换功能对图形进行更精确地变换。

①使用矩形工具绘制一个矩形，选中已经绘制的图形，右键选择“变换”，弹出的选项第一部分有“移动”“缩放”“旋转”“切变”。与框架变换不同的是，用户可以输入精确的数字对图形进行变换。效果显示如图 7-55、图 7-56、图 7-57、图 7-58 所示。

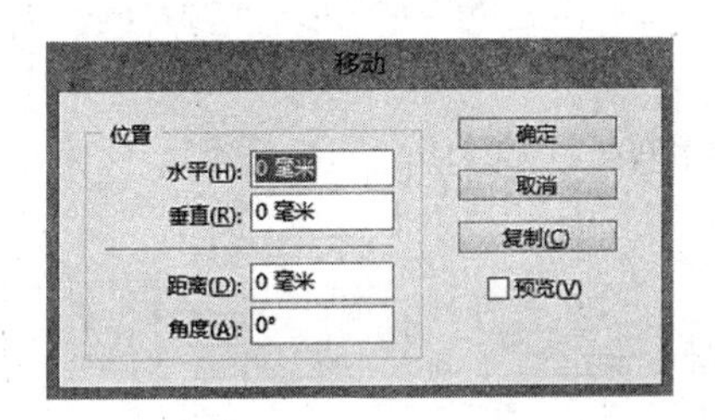

图 7-55　图形移动对话框

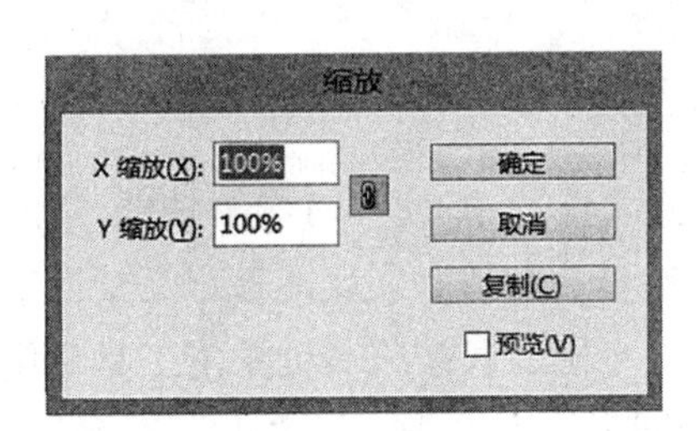

图 7-56　图形缩放对话框

②上述功能也可以在控制面板中实现，如图 7-59 所示。从左往右分别可以调节图形坐标，长宽(单击旁边的链接能够使图形按照等比例缩放)，缩放

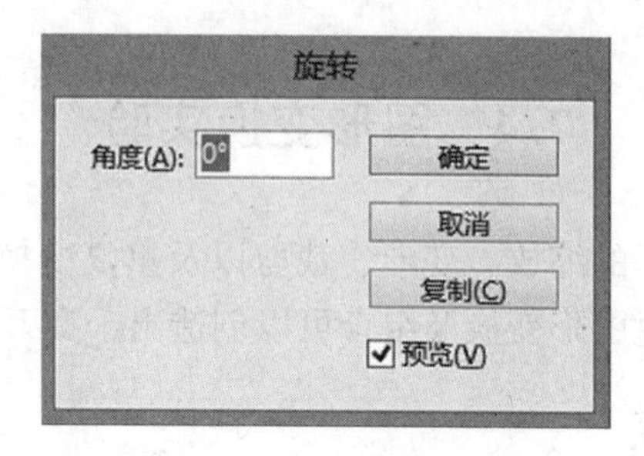

图 7-57　图形旋转对话框

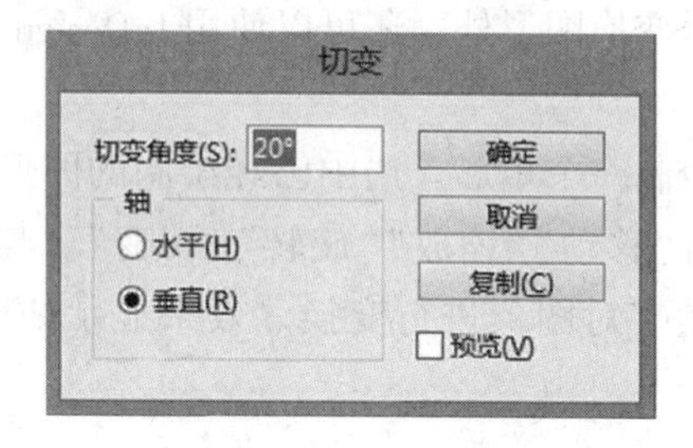

图 7-58　图形切变对话框

百分比，切变，旋转和翻转。这些功能同样适用于文字框架和图片框架。

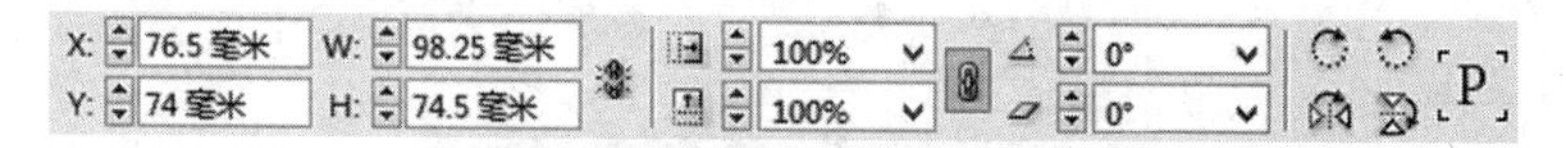

图 7-59　图文对象控制面板

7.4.2　自由变换工具

自由变换工具也包括旋转、缩放、切变等功能，但是与框架变换不同的是，自由变换工具中的旋转、缩放和切变能够定义变换中心点。

使用圆形工具绘制一个圆，长按或右键单击工具栏中的“ ”，弹出菜单，选择“旋转工具”，此时图形上会出现一个“十字准星”，这就是变换中心点，所有的变换都是以此点为中心。可以通过鼠标移动变换点。按住“Alt”键再点击图形，会弹出相应变换的菜单，用户可以输入变换参数，如图 7-60 所示。选择“复制”选项，则会创造一个以选中图形为原型的经过变换的图形，如图

7-61 所示。缩放和切变工具操作方式类似，此处不再赘述。

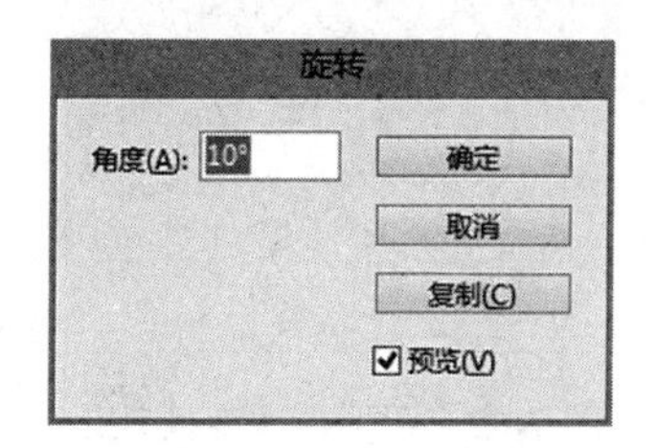

图 7-60 设置图形旋转参数

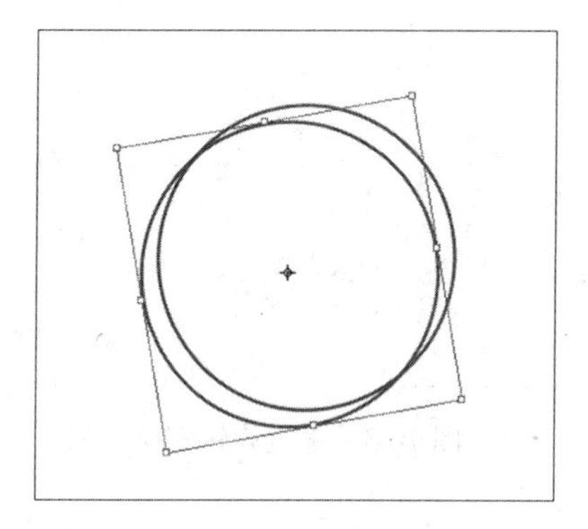

图 7-61 图形旋转效果

7.4.3 再次变换

InDesign 中的变换带有记忆功能，能够重复上一次变换，利用此功能能够作出千变万化的图形。

①用圆形工具绘制一个圆，粗细设置为 1。使用快捷键“Alt”，此时鼠标变成“▸”，拖动鼠标即可复制圆形。再使用快捷键“Alt+Ctrl+Shift+D”，重复复制两个圆，如图 7-62 所示。

②选中四个圆，进行编组。选中编组后的图形，使用快捷键“Alt”，同时旋转图形，如图 7-63 所示。

③选择菜单栏中的“对象”→“再次变换”→“再次变换”，将自动重复步骤②；使用快捷键“Alt+Ctrl+4”可直接再次变换，如图 7-64 所示。

④除了旋转变换外，还可以对缩放变换和切变变换进行再次变换。

使用圆形工具绘制一个圆，选择缩放工具，按住“Alt”并点击圆形圆心，

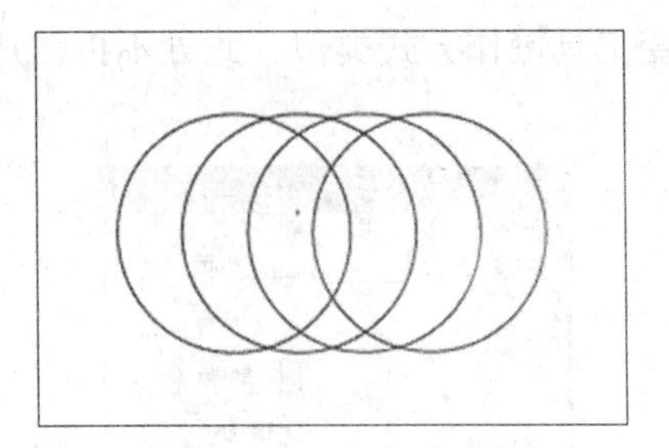

图 7-62　图形再次变换效果

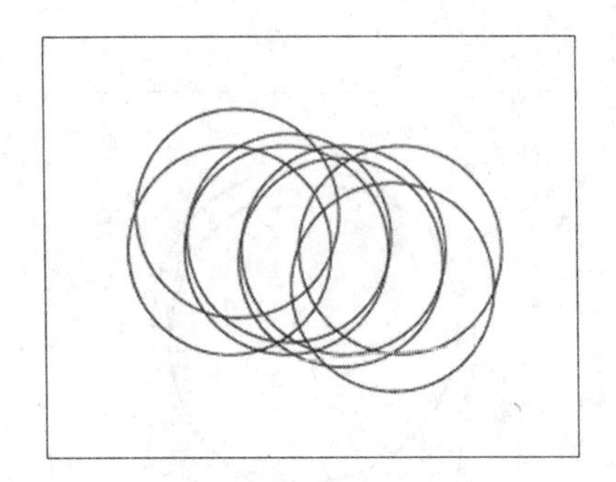

图 7-63　编组旋转变换

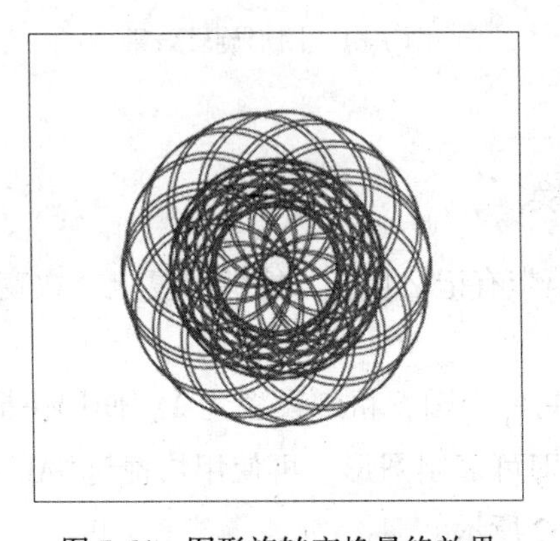

图 7-64　图形旋转变换最终效果

弹出菜单，输入“80%”并单击“复制”，如图 7-65 所示。

⑤使用快捷键“Alt+Ctrl+4”实现再次变换，如图 7-66 所示。切变的再次变换步骤与此类似，这里不再赘述。

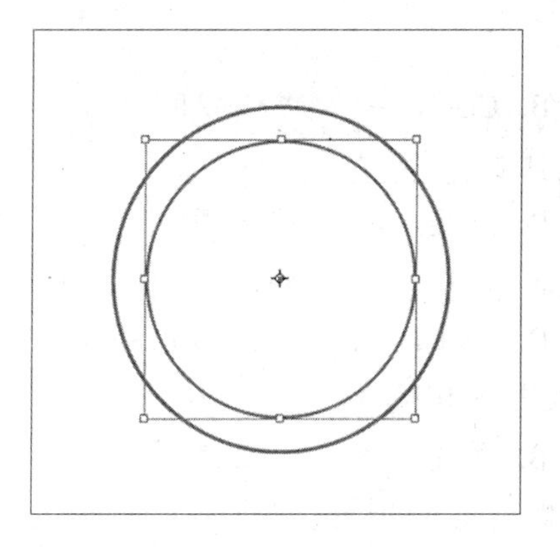

图 7-65　图形缩放变换效果

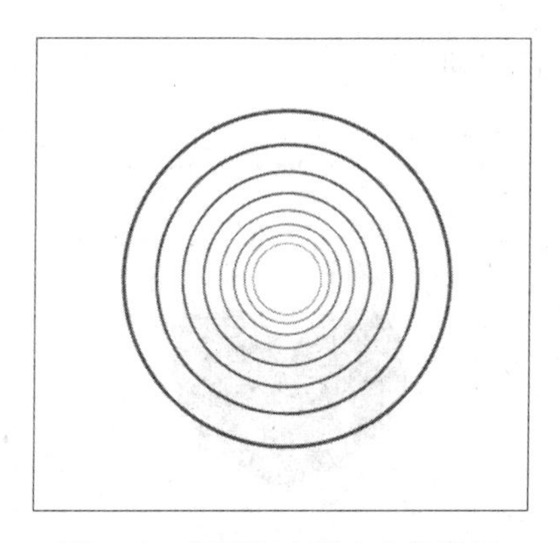

图 7-66　图形切变再次变换效果

习　题

一、单选题

1. 若要绘制出水平直线，在使用直线工具的同时应该按住__________。

　A. Shift　　B. Ctrl　　C. Alt　　D. Tab

2. 右键工具栏“矩形工具”弹出的菜单中不包括__________。

　A. 矩形工具　　B. 圆形工具　　C. 多边形工具　　D. 直线工具

3. 解锁跨页中所有锁定内容的快捷键是__________。

　A. Ctrl+L　　B. Alt+L　　C. Alt+Ctrl+L　　D. Shift+Ctrl+L

4. 在使用添加锚点工具的情况下，想要转换成删除锚点工具，应该使用快捷键__________。

A. Shift　　B. Ctrl　　C. Alt　　D. Tab

5. CMYK 模式中的 M 代表__________。

A. 青　　B. 洋红　　C. 黄　　D. 黑

6. 再次变换的快捷键是__________。

A. Ctrl+Alt+4　　B. Alt+4　　C. Alt+Shift+4　　D. Shift+Ctrl+4

7. InDesign 中的图形变换不包括__________。

A. 缩放　　B. 透视　　C. 切变　　D. 移动

8. 开启高级工作区色板选项卡的快捷键是__________。

A. F1　　B. F3　　C. F5　　D. F7

二、操作题

1. 使用钢笔工具绘制如下图形。

2. 结合变换工具、再次变换工具绘制如下图形。

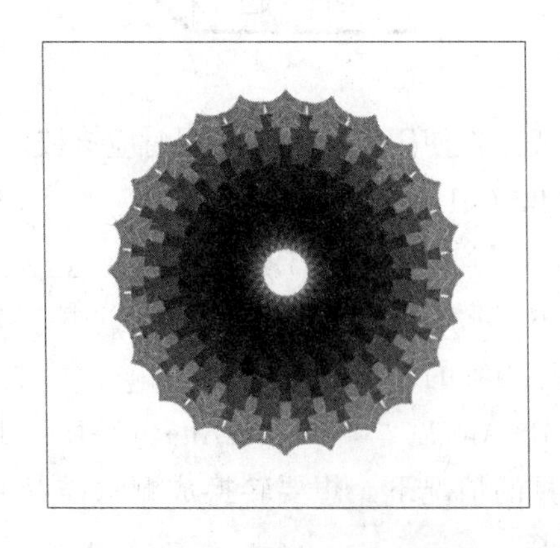

参考答案

一、单选题

1. A　2. D　3. C　4. C　5. B　6. A　7. B　8. C

二、操作题

1. 参考实施步骤

①建立参考线。

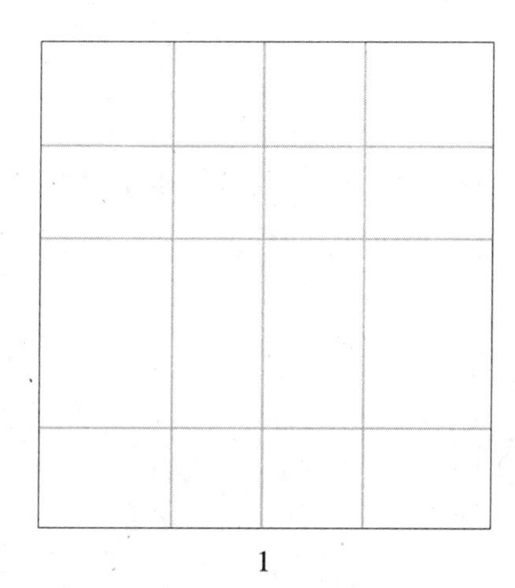

1

②使用钢笔工具绘制路径。

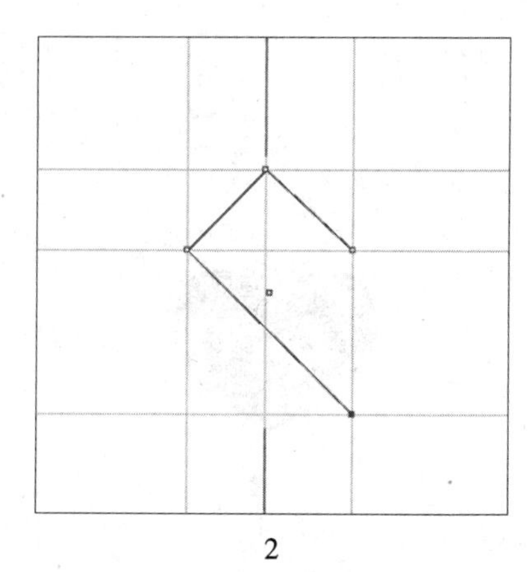

2

③使用转换方向点工具将路径转换为曲线。

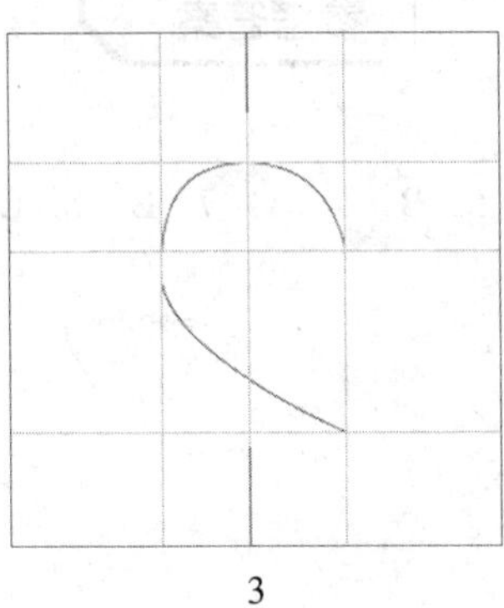

3

④复制粘贴曲线，并对粘贴后的曲线进行水平翻转，调整位置，对两条曲线进行编组。

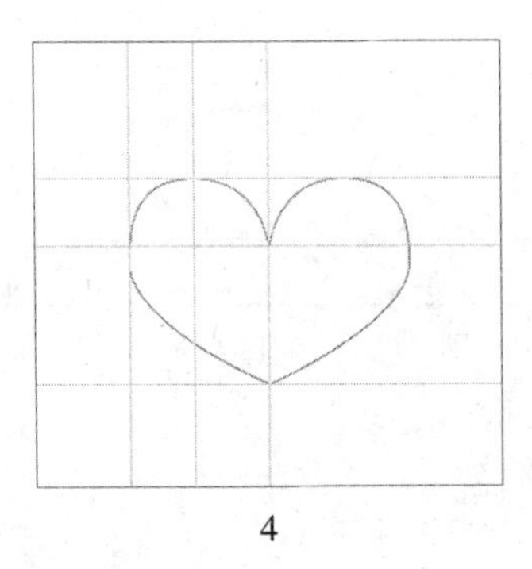

4

⑤填充颜色。

5

2. 参考实施步骤

①新建一个六角形，“角选项”选择“反向圆角”，半径“4 毫米”。

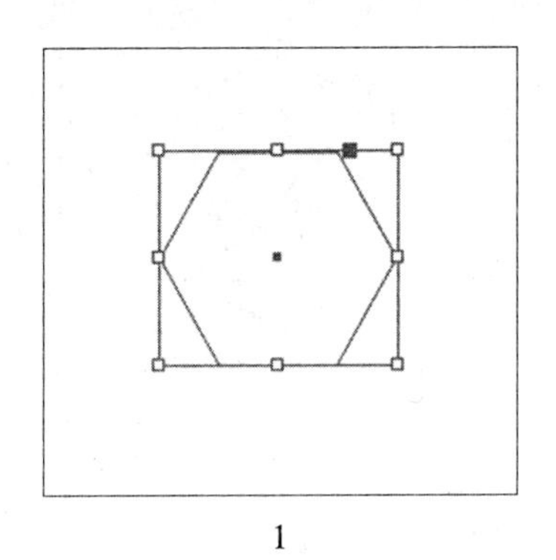

1

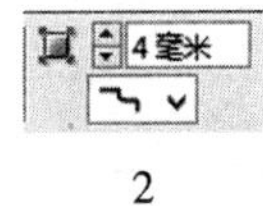

2

②使用工具栏“缩放工具”，按住“Alt”键，同时在六角形中心线上点击(与中点保持一定距离)，弹出对话框，输入“120%”并点击“复制”。

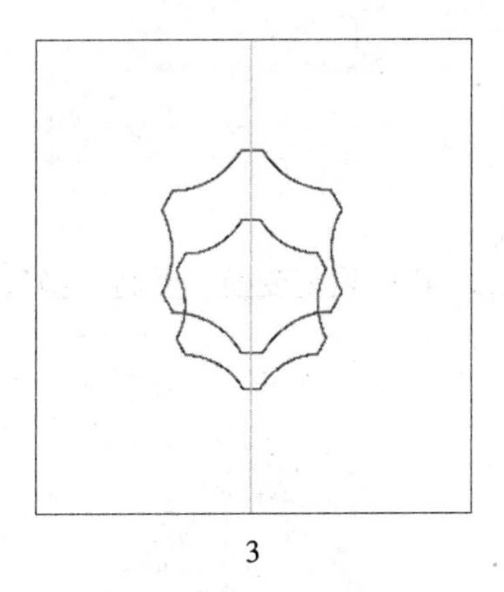

3

③使用快捷键“Ctrl+Alt+4”，重复变换，并将变换后的图形编组。

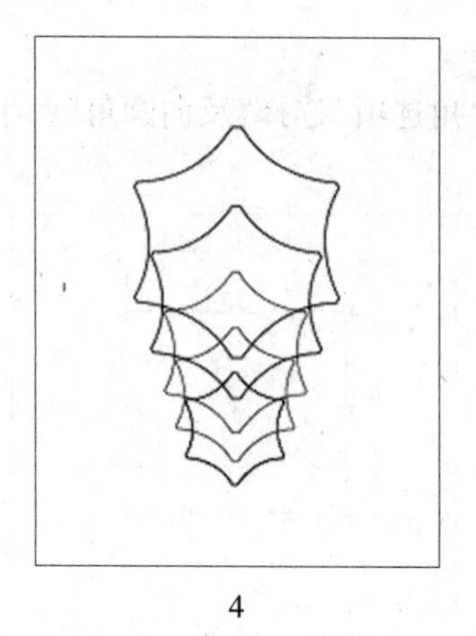

4

④使用“旋转工具”，按住“Alt”键，选择合适位置点击，弹出对话框，输入“15°”，点击“复制”。

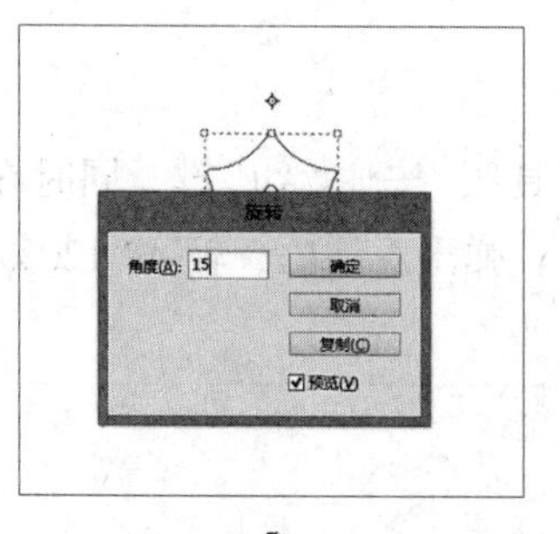

5

⑤使用快捷键“Ctrl+Alt+4”，重复变换，并将变换后的图形编组。

6

⑥填充颜色(颜色任意)，描边设置为“纸色”，并在高级工作区“效果”选项中选择“正片叠底”，透明度“60%”。

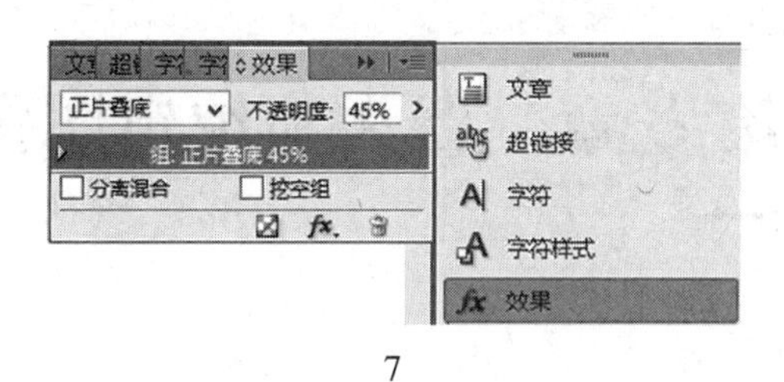

7

8

第8章　置入与编辑图像

【实验目的与要求】

图像是排版设计中的一个重要元素。图像能够使排版内容更加生动形象，增加设计的趣味性和观赏性。InDesign 支持大部分的图像格式，也具有强大的图像处理功能。本章主要介绍置入图像、图像框架应用和编辑图像实验。

【背景知识】

矢量图和位图是利用计算机软件进行图形处理时最常用到的两种图形格式，在此我们有必要了解两者的区别。矢量图又叫向量图，是用一系列计算机指令来描述和记录一幅图，一幅图可以分解为一系列由点、线、面等组成的子图，它所记录的是对象的几何形状、线条粗细和色彩等。矢量图是基于数学表达式的形状组成的，缩放时仍然清晰。生成的图形文件存储量很小，特别适用于文字设计、图案设计、版式设计、标志设计、计算机辅助设计、工艺美术设计、插图等。位图又叫点阵图或像素图，其图像由像素网格组成，通常使用数码相机和扫描仪创建。位图上的每个点用二进制数据来描述其颜色与亮度等信息，这些点是离散的，类似于点阵。位图在放大到一定限度时会发现它是由一个个小方格组成的，这些小方格称为像素点，一个像素是图像中最小的图像元素。在处理位图图像时，所编辑的是像素而不是对象或形状，它的大小和质量取决于图像中的像素点的多少，每平方英寸中所含像素越多，图像越清晰，颜色之间的混合也越平滑。

【实验步骤】

本章练习置入图像，并对图像进行编辑修改，使其更加适合版面编排整体效果。

8.1 置入图像实验

InDesign 置入图像的方式主要有直接置入、框架置入、路径置入等，每种置入方式适合不同的情况。

8.1.1 直接置入

直接置入方式指使用菜单栏文件选项中的“置入”直接置入图像，这种方式比较简单快捷。

首先新建两个跨页，单击“文件”→“置入”，弹出文件夹界面，双击图像，此时鼠标指针旁会带有图像缩略图，点击即可置入图像。但是有时会出现点击以后图像过大的情况，因此一般很少直接点击，而是在页面上拖动鼠标绘制一个框，绘制框的时候鼠标处会显示框的大小与原图的比例。绘制的框的大小就是置入图像的大小。

8.1.2 框架置入

框架的功能在第 4 章提到过。这里将简单讲述图形框架的应用。

①单击工具栏中的“⊠”，此时鼠标变成十字准星，在页面上绘制一个框架，如图 8-1 所示。

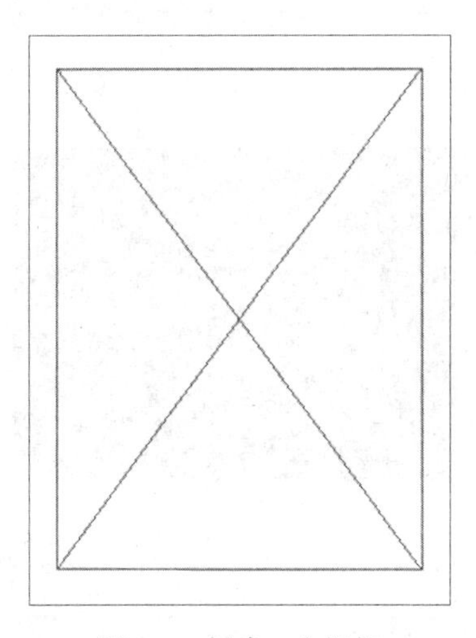

图 8-1 创建一个框架

②选中框架，单击“文件”→“置入”，弹出文件夹界面，双击图像，此时图像就直接置入到框架中。如果图像显示过大，可以单击控制面板上的“ ”，左边的是“按比例填充框架”，右边的是“按比例适合内容”，两个功能的区别如图 8-2、图 8-3 所示。矩形框架中的圆形框架和多边形框架操作相同，此处不再赘述。

图 8-2　按比例填充框架

图 8-3　按比例适合内容

两种功能的区别在于，前者是让图像长宽中短的一边适合框架长宽中长的一边，后者是让图像长宽中长的一边适合框架中短的一边，无论怎样变化，框架都是不变的。

框架工具看似比直接置入过程复杂，但是应用更广，编辑起来更加方便。例如排版设计过程中还未找到适合的图像，可以先绘制框架工具表示这个地方将要放置图像；同时，不少图书杂志的排版存在固定的模式，也就是通常所讲的“模板”。在“主页”中加入框架工具可以制作相应的模板，极大提高了排版效率。另外，矩形框架置入图像的操作同样适用于矩形工具。

8.1.3　路径置入

路径置入图像的操作与图形框架类似，这里不再赘述。未封闭的路径同样可以置入图像，单条直线路径无法置入图像，如图 8-4 所示。

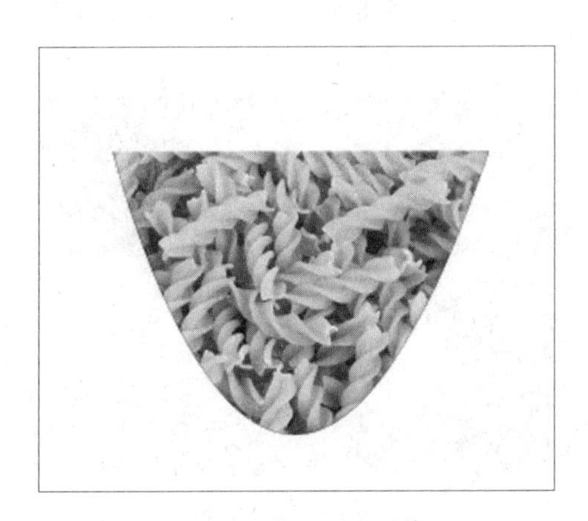

图 8-4　路径置入图像

8.1.4　图像显示性能

为了提高排版的效率，减少对内存空间的占用，InDesign 中置入的图像默认都是以低于原图的清晰度显示图像。用户可以在“视图”→“显示性能”里面根据自己的需求选择相应的显示性能。

①快速显示：置入的图像显示为一个框架工具的样子，主要用于图像多而电脑内存不足的情况，如图 8-5 所示。

②典型显示：InDesign 默认的显示性能。图像低于原图清晰度，会有明显的马赛克，如图 8-6 所示。

③高品质显示：以接近原图的清晰度显示图像，适用于预览排版效果的情况。值得注意的是，高品质显示的清晰度并不是原图的清晰度，只是接近原图，因此最终效果还是要参考导出的文件，如图8-7所示。

图8-5　快速显示

图8-6　典型显示

图8-7　高品质显示

8.2 图像框架应用实验

框架是 InDesign 中一个重要概念，框架中可以容纳文字、图形、图像等内容。框架相对内容独立，即调整框架的时候内容大小无变化(图形框架除外)，同时调整内容大小也不会影响到框架。用户也可以对框架大小样式进行调节。

8.2.1 熟悉框架

①使用框架工具绘制一个矩形框架，置入一张图像。选中框架，可看到框架边上出现 8 个蓝色方框，通过这些方框可以调节框架大小，此过程不会影响到图像大小。将鼠标移动到四个角，鼠标会变成一个旋转的箭头，此时可以旋转框架，需要注意的是，此步骤也会使图像旋转。移动框架可直接移动图像，如图 8-8 所示。

图 8-8 调节图像框架大小

②框架右上角还有两个蓝色实心和黄色实心的方框。蓝色的框有定位对象的功能。首先插入一段文字，然后使用框架工具置入一张图像，如图 8-9 所示。

③点击图像框架右上角蓝色实心框，同时按住“Shift”键，此时鼠标变成一个带“T 字”的鼠标，拖动鼠标将图像移动到文字中，释放鼠标后蓝色实心框变

图 8-9　在文字旁边置入图像

成锚状图形。此时图像基本无法随意移动，移动文字框时图像也会随之移动，如图 8-10 所示。点击图像框架右上角蓝色实心框，同时按住“Alt”键，会弹出“定位对象选项”，可以设置定位对象选项参数，如图 8-11 所示。

图 8-10　定位并移动图像

④点击图像框架右上角黄色实心框，框架四个角的蓝色方框会变成黄色实

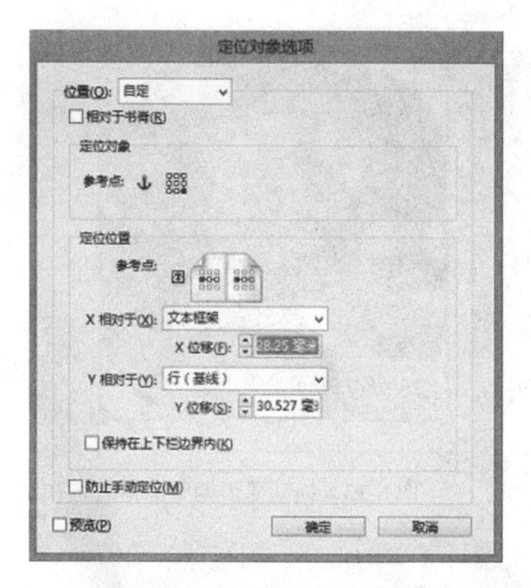

图 8-11　设置定位图像参数

心菱形。移动菱形会将框架的角转换为圆角，如图 8-12、图 8-13 所示。控制面板的“角选项”也有相同功能，且能够绘制更精确的圆角。

图 8-12　图像四角的黄色菱形

图 8-13　拖动菱形调整圆角

8.2.2　调整图像

①使用框架工具绘制一个矩形框架并置入图像。将鼠标移动到图像中心，鼠标会变成手掌样且图像上出现半透明同心圆，点击会出现橙色图像框。双击图像也有同样效果，如图 8-14、图 8-15 所示。

图 8-14　在图像中心单击图像

②橙色图像框边上 8 个橙色小方框也有调节图像大小的功能。将鼠标移动到四个角，鼠标会变成旋转的箭头，可以旋转图像。将鼠标移动到图像上，鼠标变成手掌样，拖动图像可以移动图像。上述操作都不会影响到图像框架，如图 8-16、图 8-17、图 8-18 所示。

图 8-15 出现橙色图像框

图 8-16 在框架内缩小图像

图 8-17 在框架内旋转图像

图 8-18　在框架内移动图像

注意：“角选项”不适用于橙色图像框。

③图像与框架互适。从上述操作可知，有些时候图像大小和框架并不完全契合，就需要使用框架与内容合适功能。

如图 8-19 所示，框架内部图像与框架并没有完全契合，移动图像的时候容易导致误操作。此时可以点击控制面板的“ ”，左边是“内容适合框架”，右边是“框架适合内容”。

图 8-19　图像与框架不适合

内容适合框架：内容填充到框架，使内容与框架尺寸相同，如图 8-20 所示。

框架适合内容：框架尺寸缩放至与内容相同，如图 8-21 所示。

这个功能适用于框架与内容比例相同的情况，若框架比例与内容不同，就会出现如图 8-22 所示情况，图像被拉伸变形，失去原本样子。

图 8-20 内容适合框架

图 8-21 框架适合内容

图 8-22 框架与内容比例不适当

鉴于这种情况，InDesign 提供内容与框架按比例互适的功能。此功能在本章8.1.2节已经提到，这里便不再赘述。

8.3　编辑图像实验

InDesign 同公司的专业图形图像处理软件 Photoshop 具有强大的图像编辑能力，能够实现抠图、调节图像大小、色调饱和度等多种功能。在排版设计上也通常是使用 Photoshop 编辑处理图像后再置入 InDesign。InDesign 支持 Photoshop 专属的 PSD 文件格式，且能够读取特殊图像格式所包含的路径信息，如 tiff 格式等。

InDesign 自带的图像编辑功能也能在很大程度上满足用户处理图像的基本需求，合理利用 InDesign 的一些工具，能够做出特殊的图像效果。

8.3.1　去除背景

有些时候因为排版的要求，版面不需要整张图像，只需去除背景后的图像，这时就需要去除图像背景。Photoshop 有强大的抠图功能，一般都使用 Photoshop 去除图像背景。Indesign 也有去除简单背景的功能，虽然处理效果没有 Photoshop 强大，但是对于处理简单图像来说很方便，能够提高工作效率。

①使用框架工具置入一张白色背景的图像，如图 8-23 所示。

图 8-23　置入白色背景图像

②选中图像，点击“对象”→“剪贴路径”→“选项”，弹出对话框，如图8-24所示。“类型”选择“检测边缘”，“阈值”和“容差”可自行调节。点击“确定”后即可去除图像背景，如图 8-25 所示。

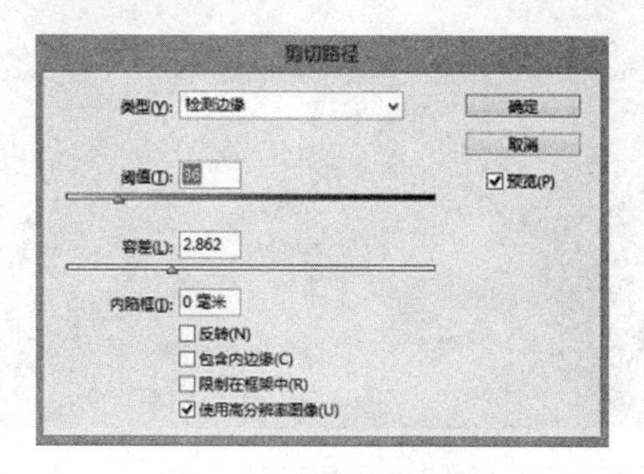

图 8-24　设置图像剪切路径参数

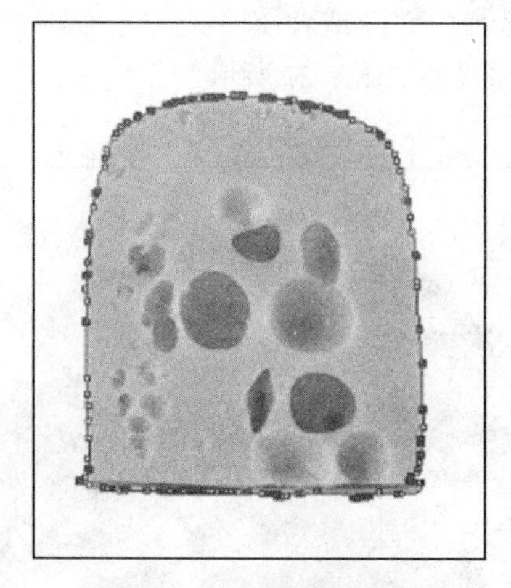

图 8-25　自动检测图像边缘

此方法适用于背景颜色不是很多，且所要保留的内容与背景色差明显的图像。

③除了剪贴路径方式去背，还可以利用钢笔工具去背。

首先置入一张图像，点击“钢笔工具”，沿着所想要的图像描边。我们需要把中间的比萨截下来，就需要使用钢笔工具沿着比萨边缘描边。为了保证去背效果良好，描边需要格外细心，如图 8-26 所示。

图 8-26 钢笔工具描边

选中图像，右键选择“剪切”或者使用快捷键“Ctrl+x”，然后选中绘制的路径，右键选择“贴入内部”，如图 8-27 所示。

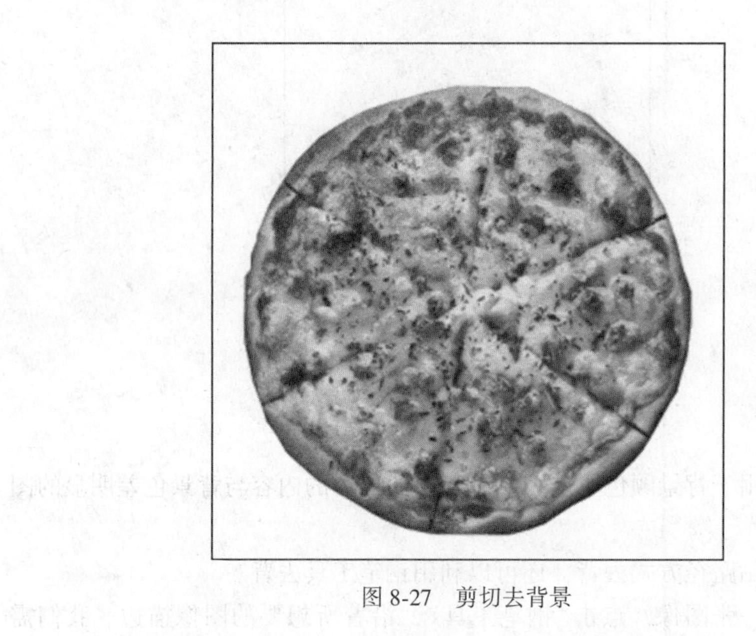

图 8-27 剪切去背景

【小窍门】

绘制完路径后，如还需要调节路径的位置，可以使用快捷键“Ctrl”，鼠标变成带方框的箭头，此时拖动单个锚点可调节其位置，且不会影响到其他锚点。

此种方法适用于色彩比较复杂的图像，如果能够细心描边，去背的效果能与 Photoshop 的抠图效果媲美。

8.3.2 图像混合模式

Photoshop 的一大特色功能就是图层的混合模式功能，即用不同的模式将对象的颜色与底层对象的颜色混合。通过混合模式可以创造出各种图案叠加效果。InDesign 的“效果”选项也包含混合模式功能，且适用于图形、文字、图像等元素。

①通过框架工具置入两张图像，调整两张图至一样大小，如图 8-28 所示。

图 8-28 置入两张尺寸一致的图片

②将上图覆盖下图，然后点击高级工作区的“fx 效果”，打开效果选项，

在混合模式处选择“正片叠底”，透明度调至“90%”，如图 8-29、图 8-30 所示。

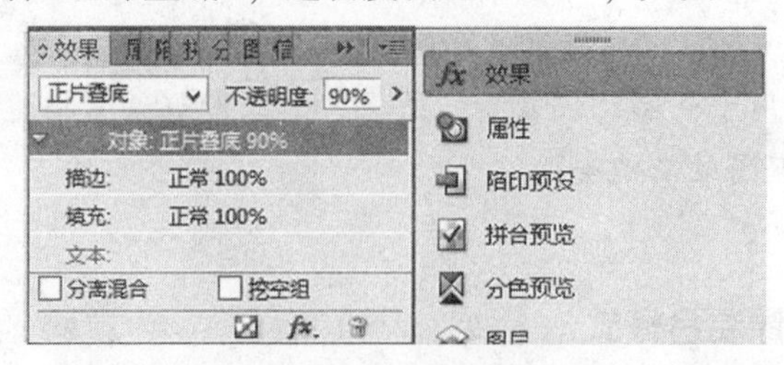

图 8-29　“效果”选项

图 8-30　“正片叠底”效果

几种典型混合模式效果，如图 8-31、图 8-32、图 8-33、图 8-34、图 8-35、图 8-36 所示。

图 8-31　“叠加”效果

图 8-32 “滤色”效果

图 8-33 “颜色减淡”效果

图 8-34 “强光”效果

图 8-35　“差值”效果

图 8-36　“亮度”效果

8. 3. 3　图像链接

通常的软件置入图像都是以复制粘贴形式，贴入的图像相对于原图像独立，如 Office Word，Adobe Photoshop。InDesign 置入的图像则采用链接方式，即显示的图像实际并没有存在于工程文件中，而是以一种链接方式指向原文件。因此原图像文件如果发生变动，InDesign 就会提示图像缺失或者已经改变，需要更新链接。这种方式使图像修改变得简单，用户置入图像后，可在其他图像编辑软件对原图像文件进行编辑，之后在 InDesign 更新链接，InDesign 就会显示编辑后的新图像。

单击高级工作区“链接”可查看图像链接信息，如图 8-37 所示。

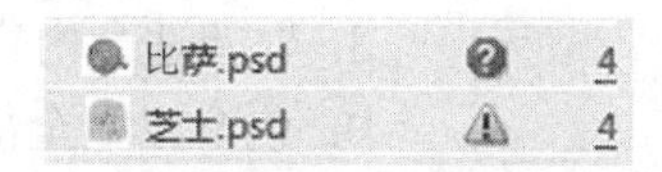

图 8-37　查看图像连接

红色问号表示图像缺失，有可能是文件名被改动或者文件被移动、删除，需要右键选择“重新链接”。

黄色感叹号表示图像已修改，需要右键选择“更新链接”。

【小窍门】

在使用 InDesign 排版大型文档时，建议将所有图像素材统一放在一个文件夹中，以防删改图像文件导致链接失效，交由其他人编辑加工时也需将图像文件夹一并发出。

习　题

一、单选题

1. 以下哪一种文件格式不属于图像格式＿＿＿＿＿。

A. BMP　　B. JPEG　　C. TIFF　　D. TTF

2. InDesign 默认的图像显示性能是＿＿＿＿＿。

A. 快速显示　　B. 标准显示　　C. 典型显示　　D. 高品质显示

3. 框架中可以置入＿＿＿＿＿。

A. 图形　　B. 图像　　C. 文字　　D. 包含以上全部

4. 若要让图像等比例缩放，拖动调节点的同时应该按住＿＿＿＿＿。

A. Alt　　B. Shift　　C. Ctrl　　D. Tab

5. 如下图，如要让图片填充满框架，应该选择＿＿＿＿＿。

A. 内容适合框架　　　　B. 框架适合内容
C. 按比例适合内容　　　D. 包含以上全部

6. "剪切"快捷键是__________。

A. Alt+X　B. Shift+X　C. Ctrl+X　D. Tab+X

7. 图像链接中的" ❷ "表示__________。

A. 图像已修改　B. 图像缺失　C. 图像来源不明　D. 帮助

8. 以图片链接原理置入图像的软件不包括__________。

A. Photoshop　B. Dreamweaver　C. InDesign　D. 方正飞腾

二、简答题

1. 简述 InDesign 置入图片的方法及大致过程。
2. 简述使用 InDesign 给图像去背的方法及大致过程。

参考答案

一、单选题

1. D　2. C　3. D　4. B　5. A　6. C　7. B　8. A

二、简答题

1. ①直接置入：点击菜单栏"文件"→"置入"置入图像；
   ②框架置入：使用"图形框架"工具绘制框架，鼠标单击选中框架，点击菜单栏"文件"→"置入"置入图像；
   ③路径置入：使用"钢笔"工具绘制路径，鼠标单击选中路径，点击菜单栏"文件"→"置入"置入图像。
2. ①针对背景简单的图像：
   a. 置入图像，鼠标单击选中图像，点击"对象"→"剪贴路径"→"选项"，弹出对话框，在"类型"选择"检测边缘"；
   b. 根据检测边缘的预览效果调节"阈值"和"容差"；
   c. 点击确定后即可去除图像背景。

   ②针对背景较为复杂的图像：
   a. 置入图像，点击"钢笔工具"，沿着所想要抠下来的图像部分进行描边。为了保证去背效果良好，描边需要格外细心。描完边后可通过调节锚点使描边更接近抠图对象边缘；
   b. 用钢笔工具描完边后，鼠标单击选中图像，单击右键选择"剪切"或者使用快捷键"Ctrl+X"；
   c. 选中绘制的路径，单击右键选择"贴入内部"即可去除图像背景。

第9章 输入与格式化文本

9.1 输入文本实验

【实验目的与要求】

(1)熟练掌握一般文字的多种生成方式，并能根据实际情况灵活运用。

(2)学会运用特殊形状框架工具，进行特殊形状下的文字输入、导入操作。

(3)建立初步的文字排版意识。

【背景知识】

(1)在 Adobe InDesign CS6 中，操作者不能仅通过单击鼠标直接输入文字，必须建立相应的文本框以完成对文字的所有操作。

(2)InDesign 提供了两种文本输入框架，在任务栏“对象”→“框架类型”中可以选择，分别为文本框架和框架网络。

文本框架：默认文本输入格式，操作者可以调整文本框的各种属性，如栏数、栏间距、内边距等。

框架网络：是一种对文本的通用对齐方式，基本排版效果与方正飞腾类似。一般会以网状格形式呈现，方便文字和段落以一种既定的规范对齐。

(3)文字排版方向分为水平和垂直两种，可在任务栏“文字”→“排版方向”中进行选择。

(4)在 InDesign 中，若文本字数超过文本框最大字数限制，剩余文本将成为“溢流文本”，这部分文字可通过一些后续操作排入页面中。

【实验步骤】

9.1.1　一般文字块输入

在 InDesign 中输入文字有多种方式，下面将重点介绍四种。

(1)文字工具

①选中左侧工具栏中“T”文字工具，右键单击，如图 9-1 所示。

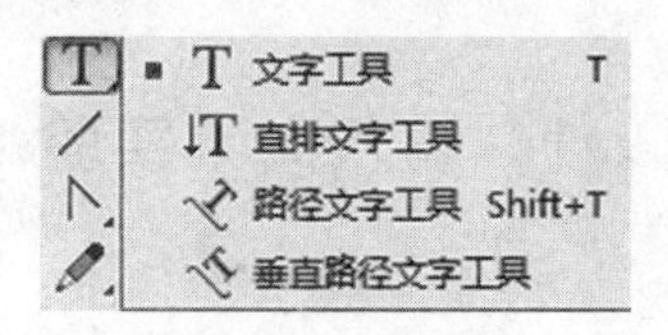

图 9-1　文字工具栏

②选中“文字工具”，此时鼠标变成光标形状，单击鼠标左键进行拖动，生成一个文本框，如图 9-2 所示。

图 9-2　生成文本框

③在文本框内光标处输入文字，如图 9-3 所示。

④若希望垂直排版文字，则可选中图 9-1 中“直排文字工具”，后续步骤参照上述②和③。也可选中文本框内文字后，在任务栏“文字”→“排版方向”中进行“水平”与“垂直”的切换。

(2)矩形工具

①选中左侧工具栏中“⊠”矩形框架工具。

②此时鼠标变成光标形状，单击鼠标左键进行拖动，生成一个矩形框，如

张可久是元代散曲清丽派的代表
作家，他的作品

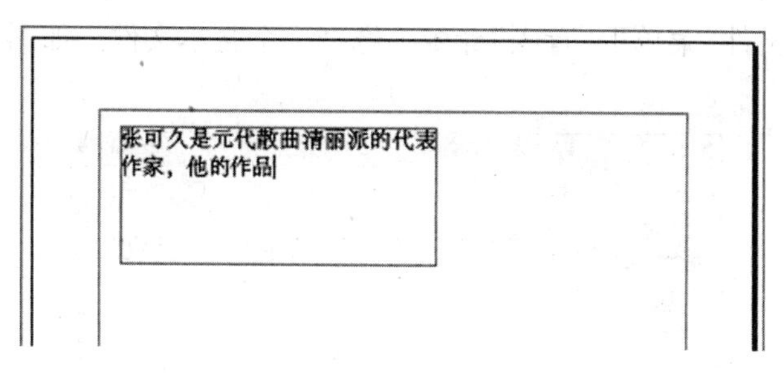

图 9-3　文本框输入文字

图 9-4 所示。

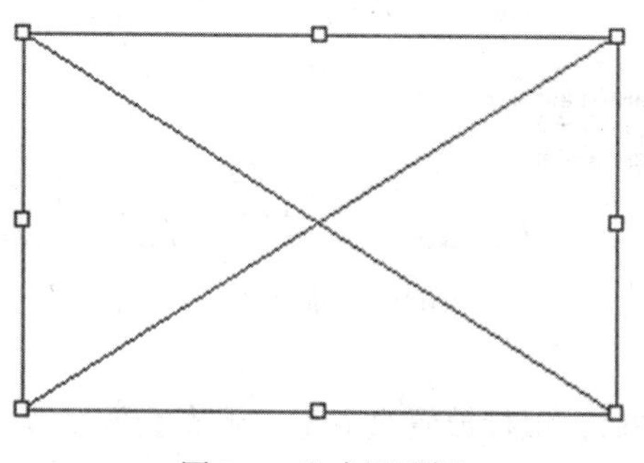

图 9-4　生成矩形框

③选中左侧工具栏中“T”文字工具，在页面矩形框中单击，输入文字，如图 9-5 所示。

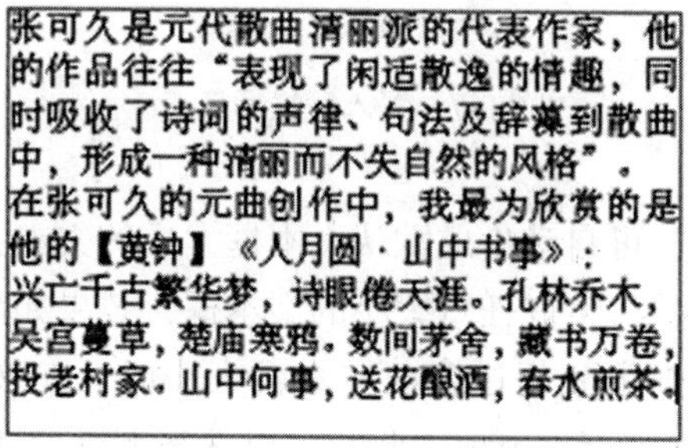

张可久是元代散曲清丽派的代表作家，他
的作品往往“表现了闲适散逸的情趣，同
时吸收了诗词的声律、句法及辞藻到散曲
中，形成一种清丽而不失自然的风格”。
在张可久的元曲创作中，我最为欣赏的是
他的【黄钟】《人月圆 · 山中书事》：
兴亡千古繁华梦，诗眼倦天涯。孔林乔木，
吴宫蔓草，楚庙寒鸦。数间茅舍，藏书万卷，
投老村家。山中何事，送花酿酒，春水煎茶。

图 9-5　输入文字

(3) 文本置入

①执行“文件”菜单下“置入”命令，选择一个文本文件，如图 9-6 所示。

图 9-6　置入文字

②打开置入文件后，鼠标放置页面上，形态会发生改变，如图 9-7 所示。

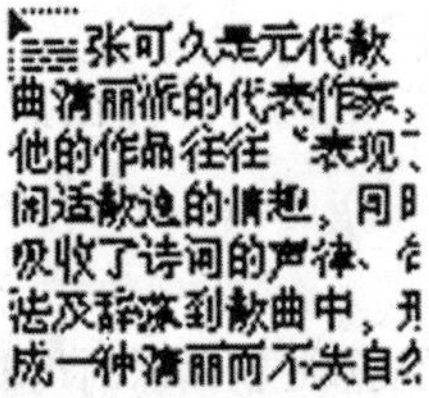

图 9-7　置入后鼠标形态

③单击鼠标左键，可自动生成默认文本框大小的文本；或是单击左键，在页面上拖动，根据需要，生成任意大小的文本框，效果如图 9-8 所示。

④注意到，当文本字数超过当前文本框大小时，在文本框右下方会出现“⊞”图标，表明“溢流文本”出现。此时可以选择调整文本框大小以适应文本字数需求；也可以单击该图标，此时“⊞”变为“▷”，单击“▷”，于页面其他位置单击左键，原文本剩余文字会继续进行排版，实现“文本续排”的效果，

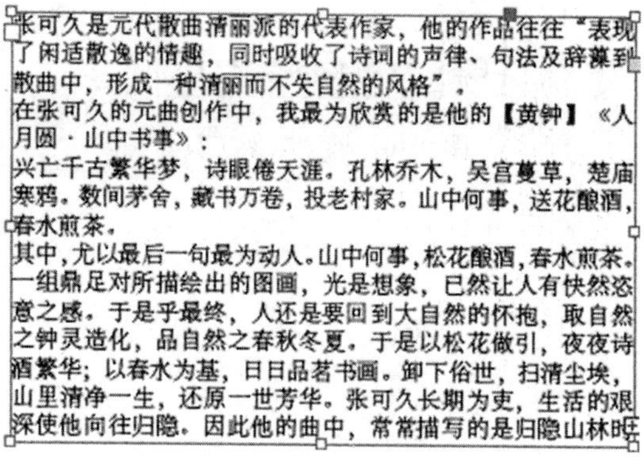

张可久是元代散曲清丽派的代表作家，他的作品往往"表现了闲适散逸的情趣，同时吸收了诗词的声律、句法及辞藻到散曲中，形成一种清丽而不失自然的风格"。
在张可久的元曲创作中，我最为欣赏的是他的【黄钟】《人月圆·山中书事》：
兴亡千古繁华梦，诗眼倦天涯。孔林乔木，吴宫蔓草，楚庙寒鸦。数间茅舍，藏书万卷，投老村家。山中何事，送花酿酒，春水煎茶。
其中，尤以最后一句最为动人。山中何事，松花酿酒，春水煎茶。一组鼎足对所描绘出的图画，光是想象，已然让人有快然惬意之感。于是乎最终，人还是要回到大自然的怀抱，取自然之钟灵造化，品自然之春秋冬夏。于是以松花做引，夜夜诗酒繁华；以春水为基，日日品茗书画。卸下俗世，扫清尘埃，山里清净一生，还原一世芳华。张可久长期为吏，生活的艰深使他向往归隐。因此他的曲中，常常描写的是归隐山林时

图 9-8 置入文本后

如图 9-9 所示。

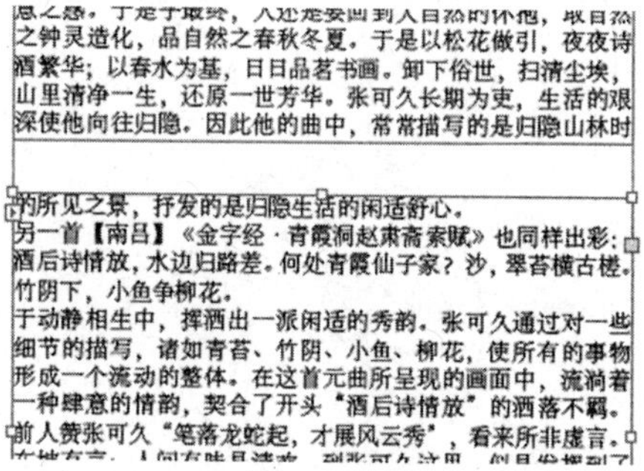

之钟灵造化，品自然之春秋冬夏。于是以松花做引，夜夜诗酒繁华；以春水为基，日日品茗书画。卸下俗世，扫清尘埃，山里清净一生，还原一世芳华。张可久长期为吏，生活的艰深使他向往归隐。因此他的曲中，常常描写的是归隐山林时

的所见之景，抒发的是归隐生活的闲适舒心。
另一首【南吕】《金字经·青霞洞赵肃斋索赋》也同样出彩：
酒后诗情放，水边归路差。何处青霞仙子家？沙，翠苔横古槎。竹阴下，小鱼争柳花。
于动静相生中，挥洒出一派闲适的秀韵。张可久通过对一些细节的描写，诸如青苔、竹阴、小鱼、柳花，使所有的事物形成一个流动的整体。在这首元曲所呈现的画面中，流淌着一种肆意的情韵，契合了开头"酒后诗情放"的洒落不羁。
前人赞张可久"笔落龙蛇起，才展风云秀"，看来所非虚言。

图 9-9 文本续排

9.1.2 特殊文字块

很多时候，出于特殊排版需要，矩形文本框不能满足排版需求，因此 InDesign CS6 提供了一些特殊文字块操作。

(1)椭圆框架工具

①右键单击左侧工具栏"⊠"，选择"椭圆框架工具"，如图 9-10 所示。

②此时鼠标变成光标形状，单击鼠标左键进行拖动，生成一个椭圆形文本框，如图 9-11 所示。

③若希望生成圆形文本框，则可在选中"椭圆框架工具"后，单击鼠标左

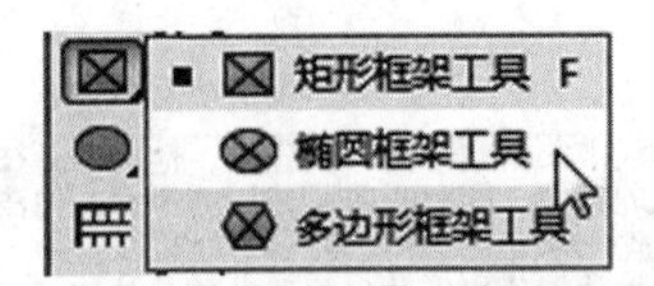

图 9-10　椭圆框架工具

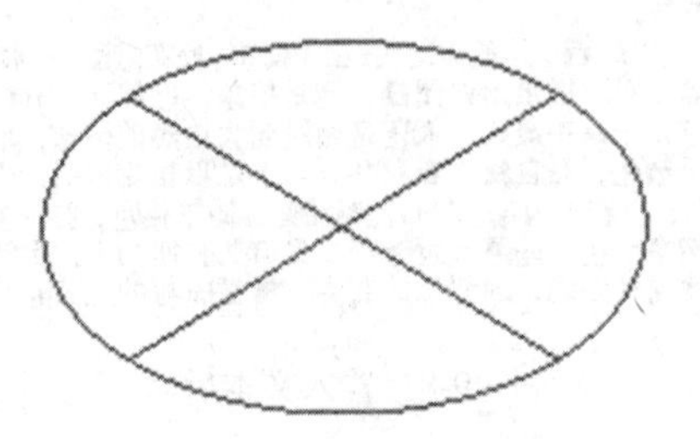

图 9-11　椭圆文本框

键在页面拖动时，同时按下“Shift”键，即可生成正圆形文本框，如图 9-12 所示。

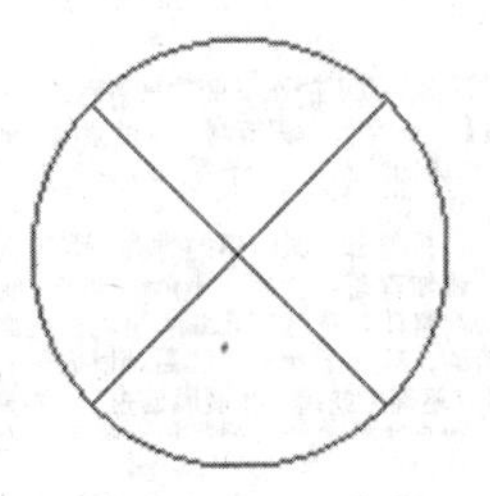

图 9-12　圆形文本框

④选中左侧工具栏中“T”文字工具，在页面椭圆文本框中单击，输入文字；也可依照上文“文件置入”方法，选中椭圆文本框后，执行“文件”菜单下“置入”命令，选择一个文本文件，即可置入既定文本，如图 9-13 所示。

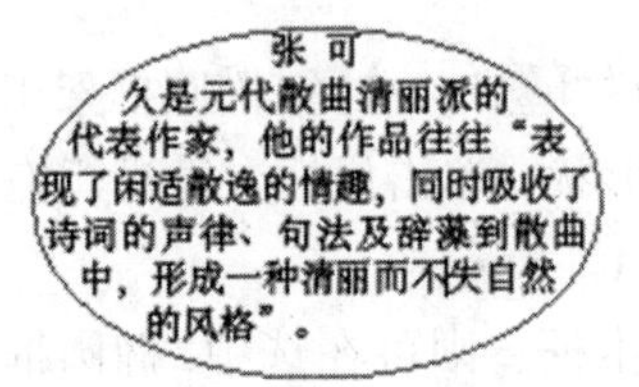

图 9-13　椭圆文本框文字

(2)多边形框架工具

①右键单击左侧工具栏⊠，选择“多边形框架工具”，如图 9-14 所示。

图 9-14 多边形框架工具

②此时鼠标变成光标形状，单击鼠标左键进行拖动，生成一个多边形文本框，如图 9-15 所示。

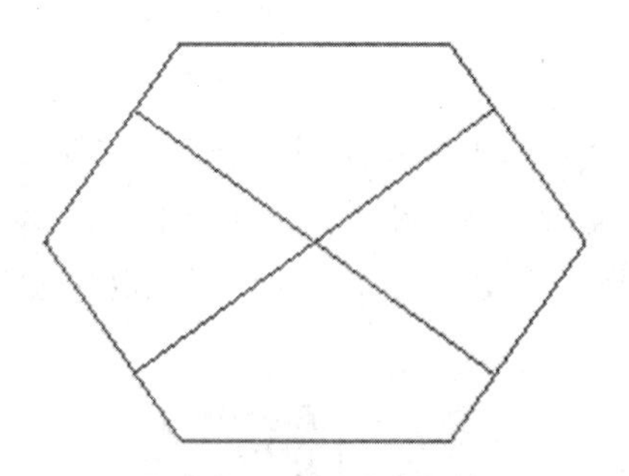

图 9-15 多边形文本框

③InDesign CS6 系统默认的多边形为六边形，操作者若想改变多边形形状，可在“⊠”状态下，左键单击页面中已形成的多边形文本框，在“多边形设置”下选择“边数”，如图 9-16 所示；还可根据需求，选择多边形的高度与

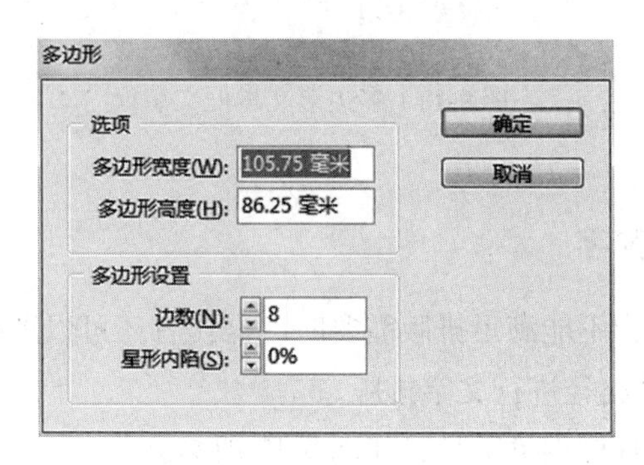

图 9-16 多边形窗口

宽度，形成不规则多边形。点击确定后，单击鼠标左键在页面进行拖动，即可形成新的多边形，如图 9-17 所示。

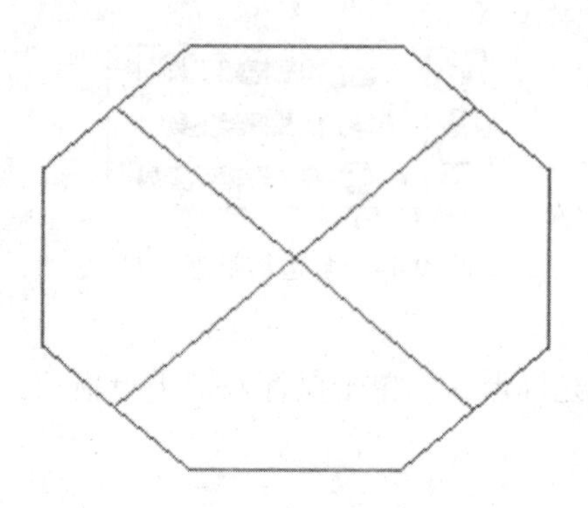

图 9-17　八边形文本框

④选中左侧工具栏中“T”文字工具，在页面多边形文本框中单击，输入文字；也可依照上文“文件置入”方法，选中多边形文本框后，执行“文件”菜单下“置入”命令，选择一个文本文件，即可置入既定文本，如图 9-18 所示。

图 9-18　多边形文本框文字

9.1.3　路径文字

当上述文本框皆不能满足排版需要时，操作者还可以选择使用路径文字工具“”，自己设计路径进行文字排版。

①单击左侧工具栏钢笔工具，如图 9-19 所示。

②在页面上用钢笔画一条路径，如图 9-20 所示。

图 9-19 钢笔工具

图 9-20 钢笔路径

③选中左侧工具栏钢笔工具，选择“添加锚点工具”和“转换方向工具”(见图 9-21)，对路径进行变换，如图 9-22 所示。

图 9-21 添加锚点

图 9-22 变换后路径

④选中左侧工具栏“T”文字工具，单击选择“路径文字工具”，如图 9-23 所示。

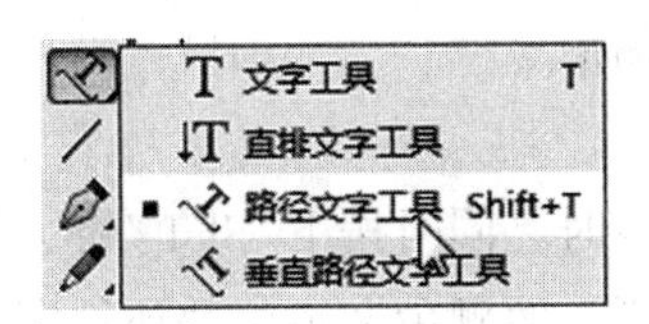

图 9-23 路径文字工具

⑤此时将鼠标放在页面中的那条路径下，鼠标会变成特殊光标，如图9-24所示。

图9-24　选中路径

⑥单击路径，输入文字，如图9-25所示。

图9-25　输入路径文字

⑦若希望垂直排版文字，可选中图9-23中“垂直路径文字工具”，选定页面中路径，输入文字，如图9-26所示。

图9-26　垂直路径文字

【小窍门】

AdobeIn Design CS6的文本置入，利用不同的快捷键组合，可分为自动灌文、半自动灌文和固定页面灌文。

①自动灌文。置入文本时，同时按下“Shift”键，如果文本字数超过一个页面所能接受的最大字数限制，而剩余文本字数还很多，那么InDesign会自动增加页面，直到所有文字都能排入文本框内，如图9-27所示。

②半自动灌文。置入文本时，同时按下“Alt”键，到达文本框末尾时，若

图 9-27 自动灌文

还有多余文字没有排入文本框内，鼠标将变为表示文本载入的光标，如图 9-28 所示。此时可以在任意页面继续单击左键，即可将剩下的内容继续排完。

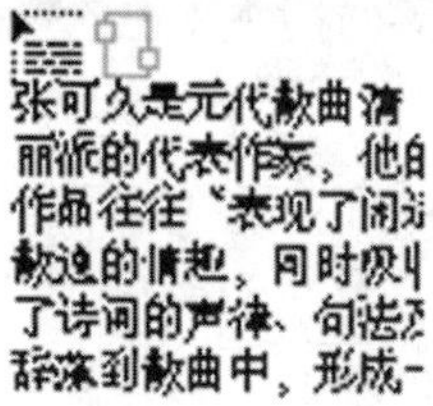

图 9-28 半自动灌文光标

③固定页面灌文。置入文本时，同时按下“Shift+Alt”键，所有文本可排入当前页面中，不会增加新的页面。而剩余的文本则会成为溢流文本，后续操作可见“文本置入”小节。

9.2　格式化字符属性实验

【实验目的与要求】

(1)熟练掌握 InDesign CS6 中的字符属性设置，包括字体字号、字距行距以及多种文字效果变换。

(2)熟悉多种字符属性设置方式，并能培养起一定程度的文字处理素养。

【背景知识】

(1)在 InDesign 中设置字符属性的三种方式

①按下左侧工具栏中“T”文字工具后，在任务栏中进行操作，如图 9-29 所示。

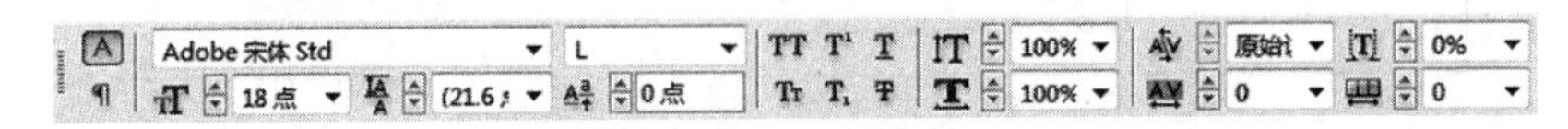

图 9-29　文字工具

②通过操作界面右方的面板区域选择“字符”面板，如图 9-30 所示。

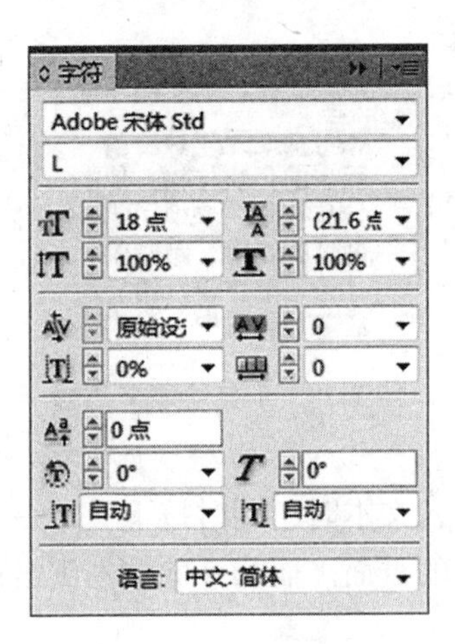

图 9-30　字符面板

③在菜单“文字”下操作，如图 9-31 所示。

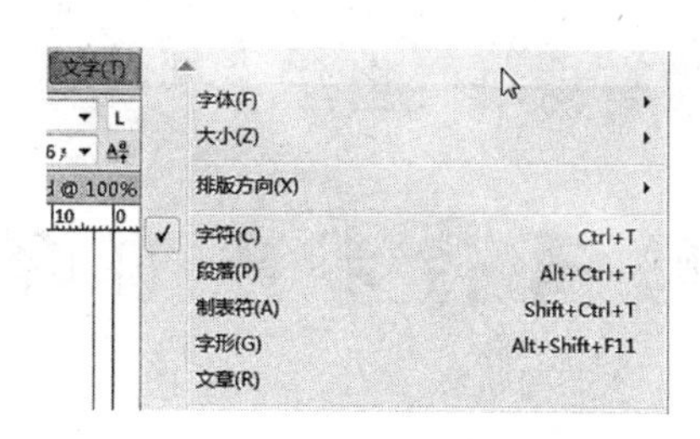

图 9-31　菜单“文字”

（2）设置字符属性，主要包括设置字符的字体、字号、字距、行距等，同时还可以为文字根据实际需要提供一些特殊效果，如斜体、加粗、加下划线等。

（3）有别于其他文字处理软件，在 InDesign 的“字符”面板下，无法直接设置文字的颜色。如果要实现丰富的颜色设置效果，除了在任务栏中可以进行操作，还可以借助面板区域的“颜色”面板。受篇幅所限，颜色设置在本节将不作介绍，读者可自行试验。

【实验步骤】

9.2.1　字体字号设置

①选中文本框中的文字。

②选中任务栏中的字体字号选择框，如图 9-32 所示。选择字体“华文行楷”，如图 9-33 所示。选择字号“30 点”。

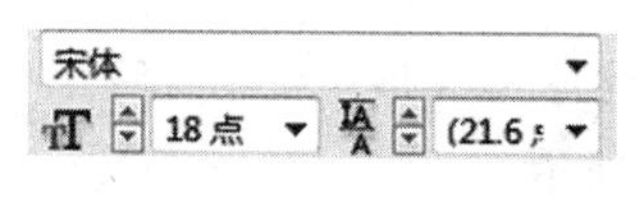

图 9-32　字体选择框

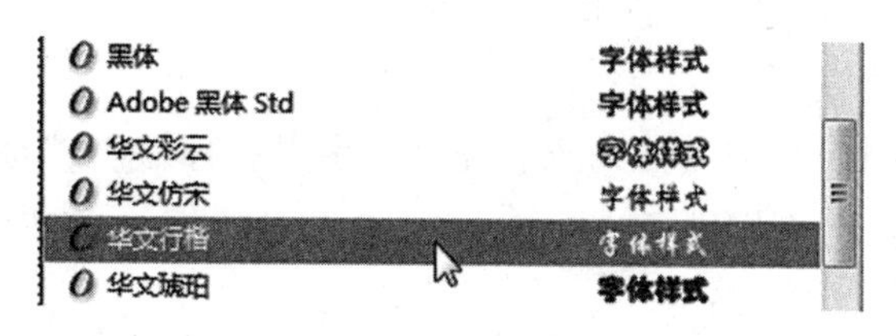

图 9-33　选择字体

③设置效果如图 9-34 所示。

腹有诗书气自华

腹有诗书气自华

图 9-34　字体字号对比

9.2.2　字距行距设置

(1)设置字距

①选中文本框中的文字。

②选中任务栏中字距设置“ 0 ”，将字距参数调整为“200”。

③设置效果如图 9-35 所示。

腹有诗书气自华

腹 有 诗 书 气 自 华

图 9-35　字距对比

(2)设置行距

①选中文本框中的文字。

②选中任务栏中行距设置“ (14.4 ”，将行距参数调整为 24 点。

③设置效果如图 9-36 所示。

9.2.3　文字特殊效果设置

(1)文字缩放效果

有些时候，出于特殊排版需求，需要文字以一种“瘦长”或者“扁平”的状态呈现。InDesign 分别提供了“ 100% ”和“ 100% ”来实现文字的垂直缩放和水平缩放。

①选中文本框中的文字。

作为清丽派的代表人物，张可久在曲中所表达
出的隐逸无疑表现出了他的一种清明，不仅反
映在内容上，更体现在他写曲的手法和布局上。

作为清丽派的代表人物，张可久在曲中所表达

出的隐逸无疑表现出了他的一种清明，不仅反

映在内容上，更体现在他写曲的手法和布局上。

图 9-36　行距对比

②选中任务栏中“垂直缩放”，和“水平缩放”，将参数均设置为 150%。

③设置效果如图 9-37 所示。

腹有诗书气自华

腹有诗书气自华

腹有诗书气自华

图 9-37　文字缩放对比

（2）上标和下标

当排版涉及数学公式时，往往需要大量输入如 X^2 或 U_1 这样的符号。在 InDesign 中，有“T^1 T_1”这样的上标和下标设置可以满足上述要求。

①选中文本框中的公式。

②在相应的数字上点击上标“T^1”或下标“T_1”。

③设置效果如图 9-38 所示。

$$S=x12+x22+y^2$$

$$S=x_1^2+x_2^2+y^2$$

图 9-38　上标、下标对比

（3）下划线和删除线

①选中文本框中的文字。

②在相应的选中文字上点击下划线“T”或是删除线“T”。

③设置效果如图 9-39 所示。

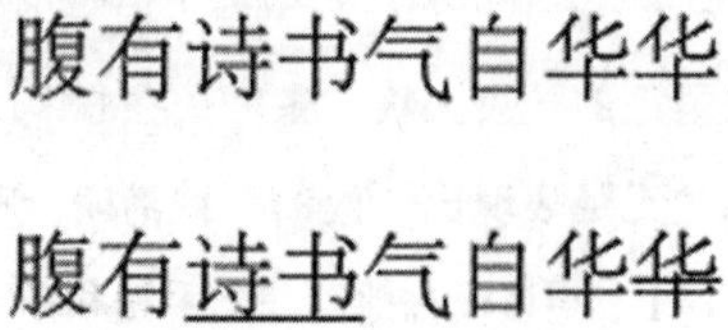

腹有诗书气自华华

腹有诗书气自华华

图 9-39　下划线和删除线

(4)斜体效果

斜变体是排版(尤其是英文排版)中一个重要的组成部分。在 InDesign 中，不仅可以为文字设置斜体效果，还可以根据具体需要，调整倾斜角度和倾斜方向。

①选中文本框中的文字。

②打开“字符”属性面板，找到“*T* 0°”，将参数设置为 30°。

③还可以点击面板中“ ”，选择“斜变体”，如图 9-40 所示。在弹出的选项框中，设置参数放大 40%，角度为 60°，如图 9-41 所示。

图 9-40　“斜变体”选项

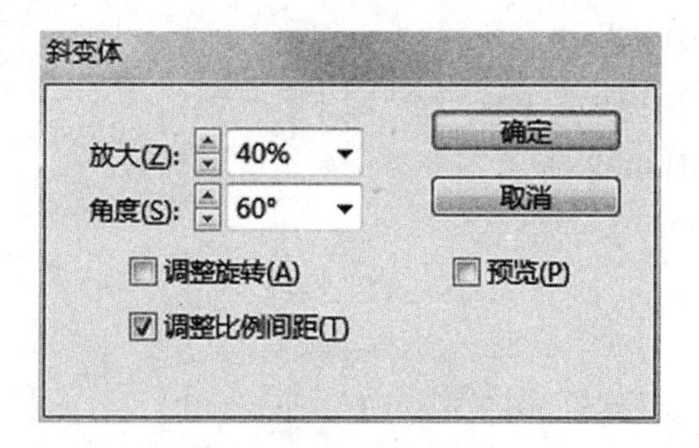

图 9-41　“斜变体”选项框

④设置效果如图 9-42 所示。

⑤由此可以注意到，两种方式所产生的文字效果是不一样的。在 InDesign

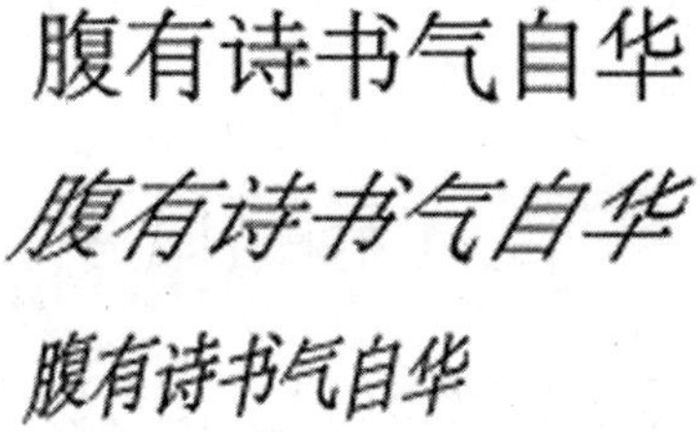

腹有诗书气自华

腹有诗书气自华

腹有诗书气自华

图 9-42　“斜变体”效果

中，“T 0°”所能实现的其实是一种“伪斜体”效果，仅仅能让整段文字在水平方向上根据一定的度数倾斜。而在③中所实现，则是文字本身的倾斜。操作者要注意根据实际需要，灵活运用这两种斜体效果。

(5)添加拼音

①选中文本框中的文字。

②点击“字符”面板中“ ”，选择“拼音”，如图 9-43 所示。

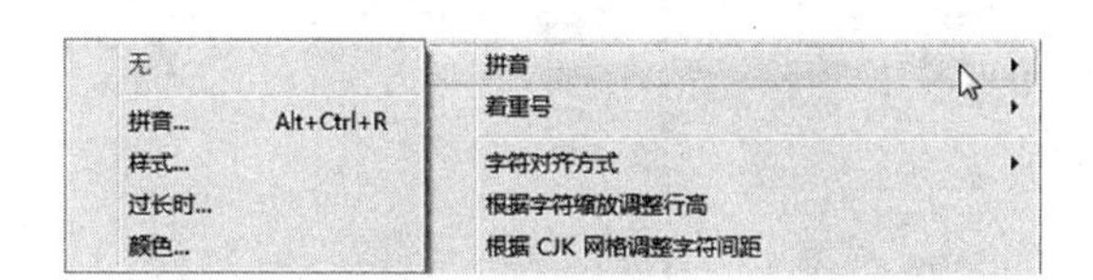

图 9-43　选择拼音

③弹出拼音选项框，为选定文字添加拼音，如图 9-44 所示。

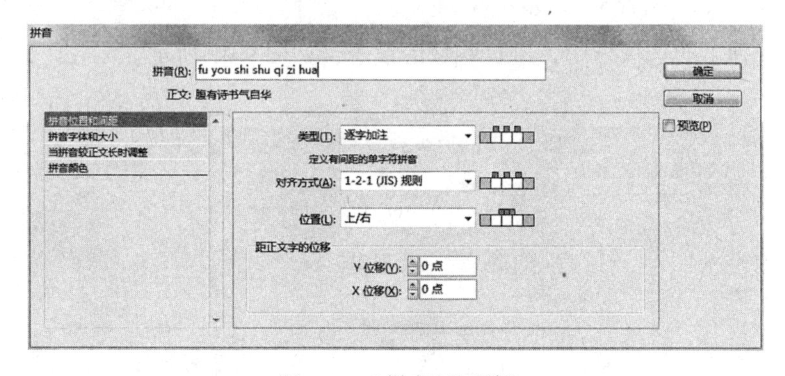

图 9-44　“拼音”选项框

④设置效果如图 9-45 所示。

腹有诗书气自华

f u youshishu q i z i hua
腹有诗书气自华

图 9-45　拼音效果

(6)着重号

①选中文本框中的文字。

②点击“字符”面板中“”，选择“着重号”，如图 9-46 所示。

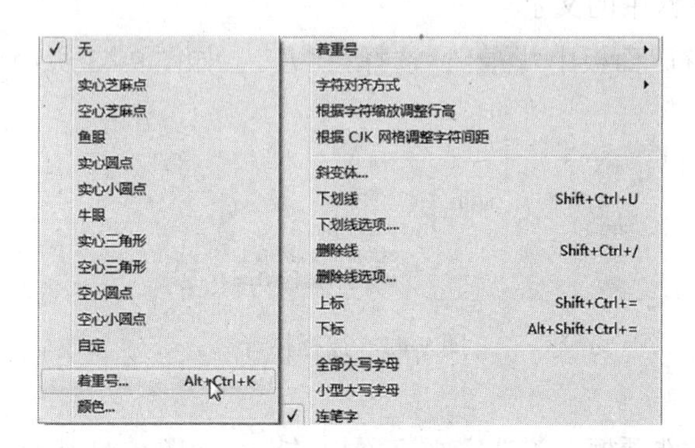

图 9-46　着重号选项

③在弹出的选项框中，进行参数的设置，如图 9-47 所示。

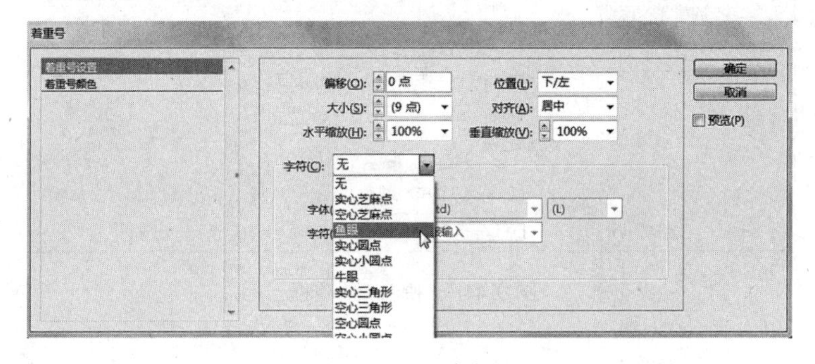

图 9-47　着重号参数设置

④设置效果如图 9-48 所示。

腹有诗书气自华

腹有诗书气自华

图 9-48　着重号效果

9.3　格式化段落属性实验

【实验目的与要求】

(1)熟练掌握格式化段落属性设置的基本操作。

(2)学会如何对文字进行基本的段落排版。

(3)结合字符属性设置，培养基本的文字排版意识。

【背景知识】

(1)在 InDesign 中，既可以对选中文本框内的所有文本进行统一的段属性设置，此时该设置将应用于该文本框内的所有段落；也可以选中该文本框内的某一段文字，进行单独的设置，此时该设置不会影响到其他段落属性。

(2)在 InDesign 中，段落与段落间换行分为自动换行和强制换行。

自动换行：按下“Enter”键，即可将两行分开。

强制换行：按下“Shift+Enter”组合键时，字数不满一行时，可以强制换行，此时不会产生段前间距和段后间距。

【实验步骤】

本实验将图 9-49 作为原始文本，所有的段落属性操作皆在此文本上进行。

9.3.1　设置对齐方式

InDesign 提供了多种对齐方式，如图 9-50 所示，包括左对齐、居中对齐、右对齐等。

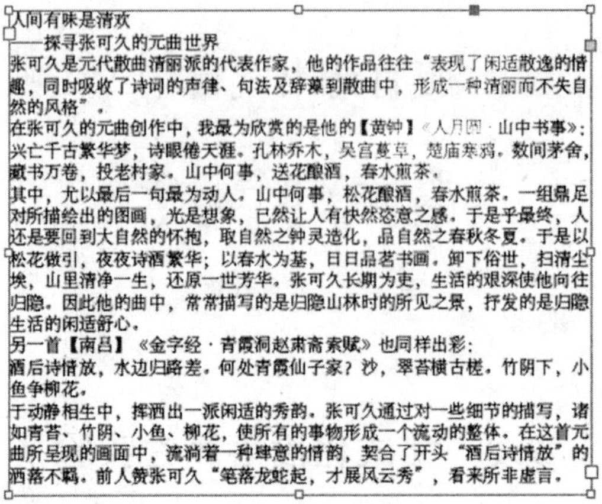

人间有味是清欢
——探寻张可久的元曲世界
张可久是元代散曲清丽派的代表作家，他的作品往往“表现了闲适散逸的情趣，同时吸收了诗词的声律、句法及辞藻到散曲中，形成一种清丽而不失自然的风格”。
在张可久的元曲创作中，我最为欣赏的是他的【黄钟】《人月圆 · 山中书事》：
兴亡千古繁华梦，诗眼倦天涯。孔林乔木，吴宫蔓草，楚庙寒鸦。数间茅舍，藏书万卷，投老村家。山中何事，送花酿酒，春水煎茶。
其中，尤以最后一句最为动人。山中何事，松花酿酒，春水煎茶。一组鼎足对所描绘出的图画，光是想象，已然让人有快然恣意之感。于是乎最终，人还是要回到大自然的怀抱，取自然之钟灵造化，品自然之春秋冬夏。于是以松花做引，夜夜诗酒繁华；以春水为基，日日品茗书画。卸下俗世，扫清尘埃，山里清净一生，还原一世芳华。张可久长期为吏，生活的艰深使他向往归隐。因此他的曲中，常常描写的是归隐山林时的所见之景，抒发的是归隐生活的闲适舒心。
另一首【南吕】《金字经 · 青霞洞赵肃斋索赋》也同样出彩：
酒后诗情放，水边归路差。何处青霞仙子家？沙，翠苔横古槎。竹阴下，小鱼争柳花。
于动静相生中，挥洒出一派闲适的秀韵。张可久通过对一些细节的描写，诸如青苔、竹阴、小鱼、柳花，使所有的事物形成一个流动的整体。在这首元曲所呈现的画面中，流淌着一种肆意的情韵，契合了开头“酒后诗情放”的洒落不羁。前人赞张可久“笔落龙蛇起，才展风云秀”，看来所非虚言。

图 9-49　原始文本

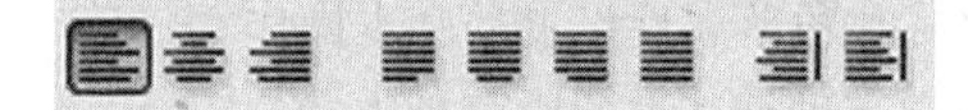

图 9-50　对齐方式

①打开操作界面右方的“段落”面板，如图 9-51 所示。

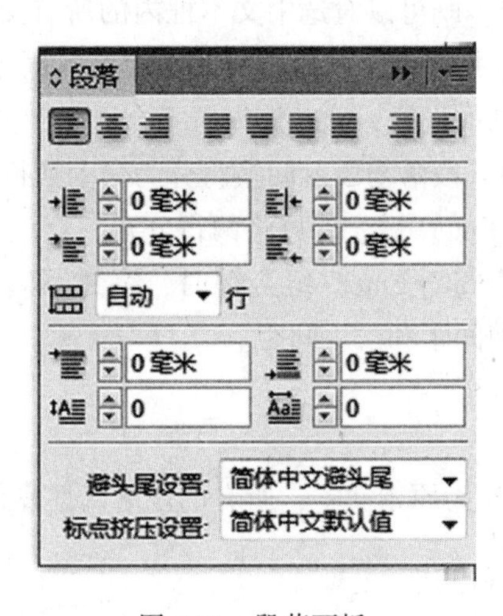

图 9-51　段落面板

②选中文本框内“人间有味是清欢——探寻张可久的元曲世界”文字，选择“”(居中对齐)，并将文字设置为字号 18 点，字体为“隶书”。

③选中文本框内两段元曲内容，选择“”(双齐末行居中)，并将字体设置为“华文楷体”。

④设置效果如图 9-52 所示。

人间有味是清欢

——探寻张可久的元曲世界

张可久是元代散曲清丽派的代表作家，他的作品往往“表现了闲适散逸的情趣，同时吸收了诗词的声律、句法及辞藻到散曲中，形成一种清丽而不失自然的风格”.

在张可久的元曲创作中，我最为欣赏的是他的【黄钟】《人月圆·山中书事》:

兴亡千古繁华梦，诗眼倦天涯。孔林乔木，吴宫蔓草，楚庙寒鸦。数间茅舍，藏书万卷，投老村家。山中何事，送花酿酒，春水煎茶。

其中，尤以最后一句最为动人。山中何事，松花酿酒，春水煎茶。一组鼎足对所描绘出的图画，光是想象，已然让人有快然恣意之感。于是乎最终，人还是要回到大自然的怀抱，取自然之钟灵造化，品自然之春秋冬夏。于是以松花做引，夜夜诗酒繁华；以春水为基，日日品茗书画。卸下俗世，扫清尘埃，山里清净一生，还原一世芳华。张可久长期为吏，生活的艰深使他向往归隐。因此他的曲中，常常描写的是归隐山林时的所见之景，抒发的是归隐生活的闲适舒心.

另一首【南吕】《金字经·青霞洞赵肃斋索赋》也同样出彩:

酒后诗情放，水边归路差。何处青霞仙子家？沙，翠苔横古槎。竹阴下，小鱼争柳花。

于动静相生中，挥洒出一派闲适的秀韵。张可久通过对一些细节的描写，诸如青苔、竹阴、小鱼、柳花，使所有的事物形成一个流动的整体。在这首元曲所呈现的画面中，流淌着一种肆意的情韵，契合了开头“酒后诗情放”的洒落不羁。前人赞张可久“笔落龙蛇起，才展风云秀”，看来所非虚言.

图 9-52 设置对齐方式

9.3.2 设置缩进

InDesign 提供了多种缩进方式，既有段落缩进，也有首行/末行缩进，方便选择。

①打开操作界面右方的“段落”面板。

②选中原始文本中每一段段首，选择“”首行左缩进，将参数设置为 8 毫米。

③选中两段元曲内容，在每一段分别选择“”左缩进和“”右缩进，将参数均设置为 6 毫米。

④设置效果如图 9-53 所示。

9.3.3 设置段间距

InDesign 提供设置段前间距与段后间距，如图 9-54 所示。

①打开操作界面右方的“段落”面板。

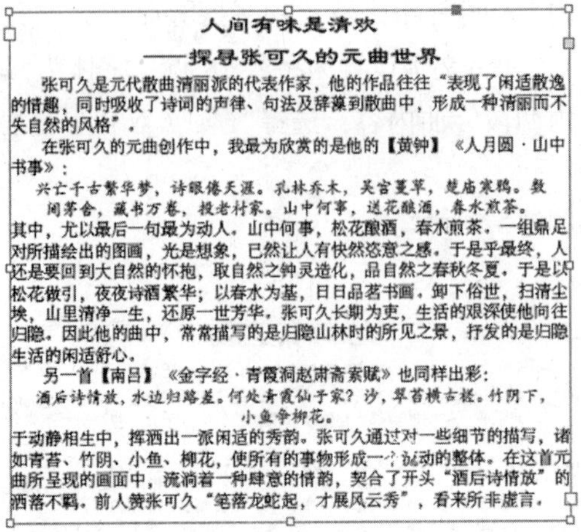

人间有味是清欢

——探寻张可久的元曲世界

张可久是元代散曲清丽派的代表作家，他的作品往往“表现了闲适散逸的情趣，同时吸收了诗词的声律、句法及辞藻到散曲中，形成一种清丽而不失自然的风格”。

在张可久的元曲创作中，我最为欣赏的是他的【黄钟】《人月圆·山中书事》：

兴亡千古繁华梦，诗眼倦天涯。孔林乔木，吴宫蔓草，楚庙寒鸦。数间茅舍，藏书万卷，投老村家。山中何事，送花酿酒，春水煎茶。

其中，尤以最后一句最为动人。山中何事，松花酿酒，春水煎茶。一组鼎足对所描绘出的图画，光是想象，已然让人有快然恣意之感。于是乎最终，人还是要回到大自然的怀抱，取自然之钟灵造化，品自然之春秋冬夏。于是以松花做引，夜夜诗酒繁华；以春水为基，日日品茗书画。卸下俗世，扫清尘埃，山里清净一生，还原一世芳华。张可久长期为吏，生活的艰深使他向往归隐。因此他的曲中，常常描写的是归隐山林时的所见之景，抒发的是归隐生活的闲适舒心。

另一首【南吕】《金字经·青霞洞赵肃斋索赋》也同样出彩：

酒后诗情放，水边归路差。何处青霞仙子家？沙，翠苔横古槎。竹阴下，小鱼争柳花。

于动静相生中，挥洒出一派闲适的秀韵。张可久通过对一些细节的描写，诸如青苔、竹阴、小鱼、柳花，使所有的事物形成一个流动的整体。在这首元曲所呈现的画面中，流淌着一种肆意的情韵，契合了开头“酒后诗情放”的洒落不羁。前人赞张可久“笔落龙蛇起，才展风云秀”，看来所非虚言。

图 9-53　设置缩进

图 9-54　段间距

②选中两段元曲内容，将段前间距与段后间距的参数均设置为 2 毫米，使这两段元曲与正文内容有一定的距离。

③效果如图 9-55 所示。

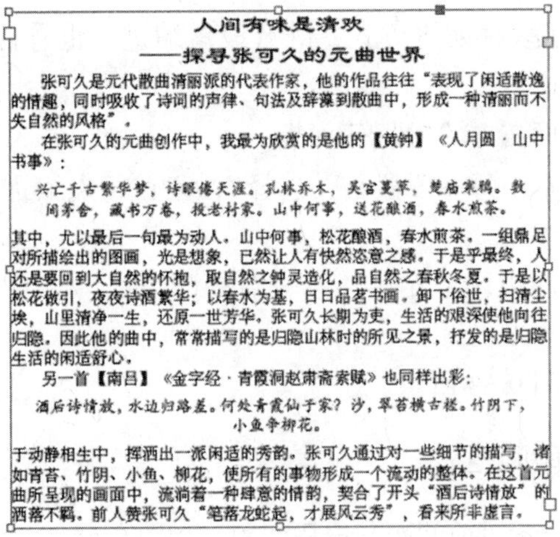

人间有味是清欢

——探寻张可久的元曲世界

张可久是元代散曲清丽派的代表作家，他的作品往往“表现了闲适散逸的情趣，同时吸收了诗词的声律、句法及辞藻到散曲中，形成一种清丽而不失自然的风格”。

在张可久的元曲创作中，我最为欣赏的是他的【黄钟】《人月圆·山中书事》：

兴亡千古繁华梦，诗眼倦天涯。孔林乔木，吴宫蔓草，楚庙寒鸦。数间茅舍，藏书万卷，投老村家。山中何事，送花酿酒，春水煎茶。

其中，尤以最后一句最为动人。山中何事，松花酿酒，春水煎茶。一组鼎足对所描绘出的图画，光是想象，已然让人有快然恣意之感。于是乎最终，人还是要回到大自然的怀抱，取自然之钟灵造化，品自然之春秋冬夏。于是以松花做引，夜夜诗酒繁华；以春水为基，日日品茗书画。卸下俗世，扫清尘埃，山里清净一生，还原一世芳华。张可久长期为吏，生活的艰深使他向往归隐。因此他的曲中，常常描写的是归隐山林时的所见之景，抒发的是归隐生活的闲适舒心。

另一首【南吕】《金字经·青霞洞赵肃斋索赋》也同样出彩：

酒后诗情放，水边归路差。何处青霞仙子家？沙，翠苔横古槎。竹阴下，小鱼争柳花。

于动静相生中，挥洒出一派闲适的秀韵。张可久通过对一些细节的描写，诸如青苔、竹阴、小鱼、柳花，使所有的事物形成一个流动的整体。在这首元曲所呈现的画面中，流淌着一种肆意的情韵，契合了开头“酒后诗情放”的洒落不羁。前人赞张可久“笔落龙蛇起，才展风云秀”，看来所非虚言。

图 9-55　设置段间距

9.3.4 设置字符下沉

在 InDesign，不仅可以设置首字下沉，还可以设置多个字段下沉，如图9-56所示。

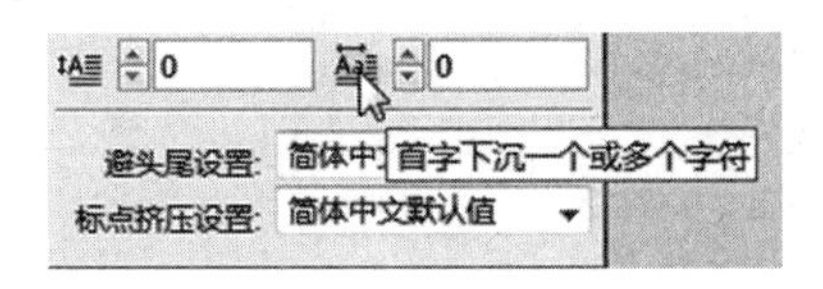

图 9-56 多个字符下沉

①打开操作界面右方的“段落”面板。

②选中原文本第一段段首“张可久”三字，选择“ ”首字下沉一个或多个字符，将参数设置为“3”。

③选择“ ”首字下沉行数，将参数设为 2。

④效果如图 9-57 所示。

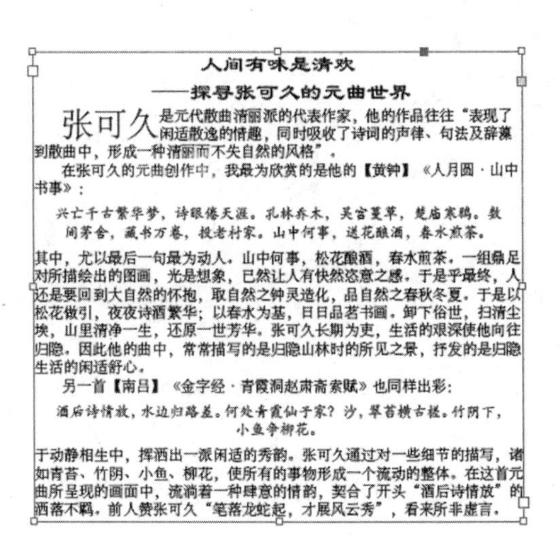

人间有味是清欢

——探寻张可久的元曲世界

张可久是元代散曲清丽派的代表作家，他的作品往往“表现了闲适散逸的情趣，同时吸收了诗词的声律、句法及辞藻到散曲中，形成一种清丽而不失自然的风格”。

在张可久的元曲创作中，我最为欣赏的是他的【黄钟】《人月圆 · 山中书事》：

兴亡千古繁华梦，诗眼倦天涯。孔林乔木，吴宫蔓草，楚庙寒鸦。数间茅舍，藏书万卷，投老村家。山中何事，送花酿酒，春水煎茶。

其中，尤以最后一句最为动人。山中何事，松花酿酒，春水煎茶。一组鼎足对所描绘出的图画，光是想象，已然让人有快然惬意之感。于是乎最终，人还是要回到大自然的怀抱，取自然之钟灵造化，品自然之春秋冬夏。于是以松花做引，夜夜诗酒繁华；以春水为基，日日品茗书画。卸下俗世，扫清尘埃，山里清净一生，还原一世芳华。张可久长期为吏，生活的艰深使他向往归隐。因此他的曲中，常常描写的是归隐山林时的所见之景，抒发的是归隐生活的闲适舒心。

另一首【南吕】《金字经 · 青霞洞赵肃斋索赋》也同样出彩：

酒后诗情放，水边归路差。何处青霞仙子家？沙，翠苔横古槎。竹阴下，小鱼争柳花。

于动静相生中，挥洒出一派闲适的秀韵。张可久通过对一些细节的描写，诸如青苔、竹阴、小鱼、柳花，使所有的事物形成一个流动的整体。在这首元曲所呈现的画面中，流淌着一种肆意的情韵，契合了开头“酒后诗情放”的洒落不羁。前人赞张可久“笔落龙蛇起，才展风云秀”，看来所非虚言。

图 9-57 下沉字符

9.3.5 段落线

有时候，为了方便排版编辑人员对整体文本的篇章架构有一个更清晰地了解，InDesign 提供了“段落线”这个功能，能将各个段落区分开来。

①打开操作界面右方的“段落”面板。

②选择段落“张可久是……不失自然的风格’”，点击面板中“![]”，选择下拉菜单中的“段落线”，如图 9-58 所示。

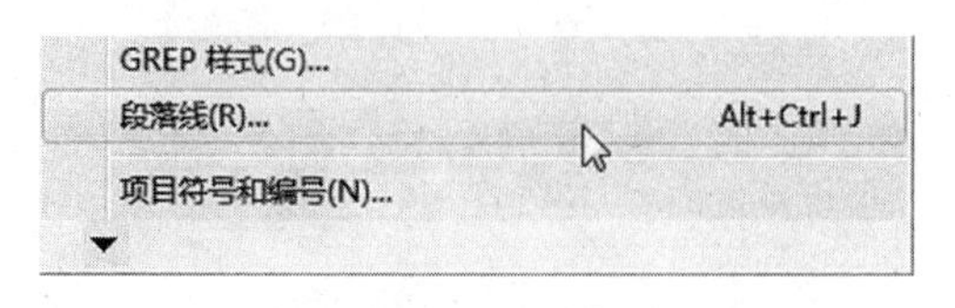

图 9-58　段落线

③弹出“段落线”操作框，如图 9-59 所示。

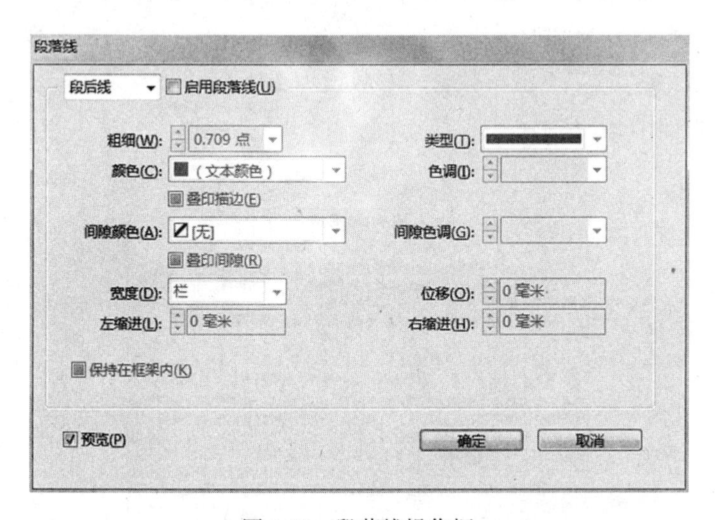

图 9-59　段落线操作框

④选择“段后线”，选中“启用段落线”，设置粗细参数为“1 点”，点击确定。

⑤效果如图 9-60 所示。

【小窍门】

在默认状态下，单击“T”后，控制栏为字符模式，如图 9-61 所示。

人间有味是清欢

——探寻张可久的元曲世界

张可久是元代散曲清丽派的代表作家，他的作品往往“表现了闲适散逸的情趣，同时吸收了诗词的声律、句法及辞藻到散曲中，形成一种清丽而不失自然的风格”。

在张可久的元曲创作中，我最为欣赏的是他的【黄钟】《人月圆·山中书事》：

兴亡千古繁华梦，诗眼倦天涯。孔林乔木，吴宫蔓草，楚庙寒鸦。数间茅舍，藏书万卷，投老村家。山中何事，松花酿酒，春水煎茶。

其中，尤以最后一句最为动人。山中何事，松花酿酒，春水煎茶。一组鼎足对所描绘出的图画，光是想象，已然让人有快然惬意之感。于是乎最终，人还是要回到大自然的怀抱，取自然之钟灵造化，品自然之春秋冬夏。于是以松花做引，夜夜诗酒繁华；以春水为基，日日品茗书画。卸下俗世，扫清尘埃，山里清净一生，还原一世芳华。张可久长期为吏，生活的艰深使他向往归隐。因此他的曲中，常常描写的是归隐山林时的所见之景，抒发的是归隐生活的闲适舒心。

另一首【南吕】《金字经·青霞洞赵肃斋索赋》也同样出彩：

酒后诗情放，水边归路差。何处青霞仙子家？沙，翠苔横古槎。竹阴下，小鱼争柳花。

于动静相生中，挥洒出一派闲适的秀韵。张可久通过对一些细节的描写，诸如青苔、竹阴、小鱼、柳花，使所有的事物形成一个流动的整体。在这首元曲所呈现的画面中，流淌着一种肆意的情韵，契合了开头“酒后诗情放”的洒落不羁。前人赞张可久“笔落龙蛇起，才展风云秀”，看来所非虚言。

图 9-60　段后线效果图

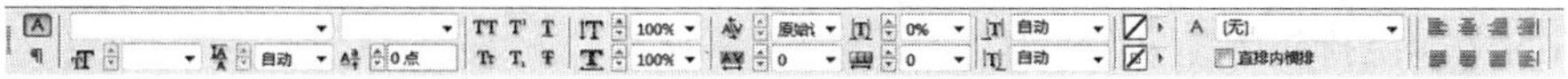

图 9-61　字符模式

此时，利用“Ctrl+Alt+7”组合键，可以将控制栏从字符模式调整到段落模式，如图 9-62 所示。

图 9-62　段落模式

9.4　沿路径绕排文本实验

【实验目的与要求】

(1)熟练掌握 InDesign 中不同的文本绕排方式。

(2)学会将文本绕排综合运用，根据具体需求应用具体效果。

(3)培养初步的图文排版意识。

【背景知识】

(1)操作者可以将文本绕排在任何对象周围，包括构建的文本框架、导入的图像对象以及在 InDesign 中自主绘制的对象。对对象应用文本绕排时，InDesign 会在对象周围创建一个阻隔原文本的边界。文本所围绕的对象称为绕排对象，文本绕排也称为环绕文本。不过，文本绕排选项仅应用于被绕排的对象，而不应用于文本自身。

(2)Indesign 提供了五种基本的文本绕排方式。

①无文本绕排“”。即文本覆盖其他插入的对象，绕排对象的形状对文本排版没有任何影响。

②沿定界框绕排“”。即创建一个有固定边界的对象后，绕排文本的形状由这个定界框所设定的参数确定。

③沿对象形状绕排“”。也称为“轮廓绕排”，即创建与所选对象形状相同的文本绕排边界。

④上下型绕排“”。即绕排后，文本不会出现在绕排对象的左侧或右侧的空间中。

⑤下型绕排“”。即绕排后，周围的段落会被强制显示在下一版面或下一文本框架的顶部。

在本节中，会对后四种方式进行着重介绍。

(3)在 InDesign 中使用文本绕排功能，可以选择菜单栏“窗口”—“文本绕排”，打开文本绕排面板，然后在左侧工具栏中使用“选择”工具 或“直接选择”工具，即可在页面中进行文本绕排操作。

【实验步骤】

本实验将图 9-63 作为原始文本，所有的段落属性操作皆在此文本上进行。

9.4.1　沿定界框绕排

①选择置入的图像“竹子 . jpg”，如图 9-64 所示。

②在“文本绕排”面板中，选择沿定界框绕排“”，效果如图 9-65 所示。

③在面板中，选择设定绕排位移参数，将所有参数设置为 2 毫米，如图 9-66所示。

注意这部分有一个“”图标，选中意味着将所有位移参数设置为相同。

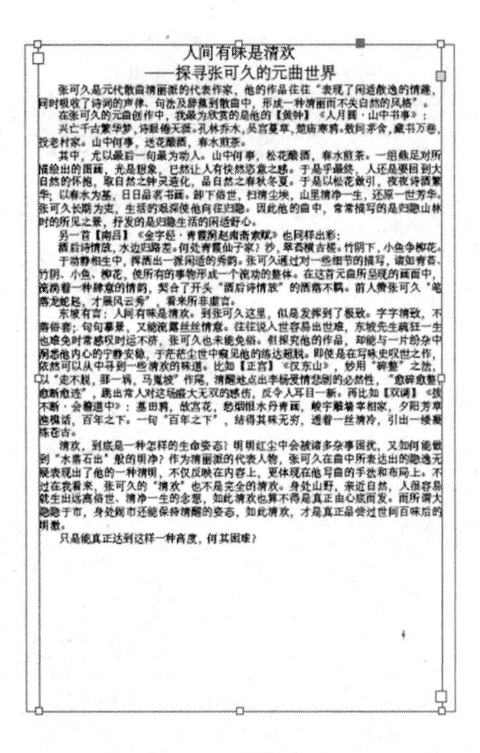

人间有味是清欢
——探寻张可久的元曲世界

张可久是元代散曲清丽派的代表作家，他的作品往往"表现了闲适散逸的情趣，同时吸收了诗词的声律、句法及辞藻到散曲中，形成一种清丽而不失自然的风格"。

在张可久的元曲创作中，我最为欣赏的是他的【黄钟】《人月圆·山中书事》：

兴亡千古繁华梦，诗眼倦天涯。孔林乔木，吴宫蔓草，楚庙寒鸦。数间茅舍，藏书万卷，投老村家。山中何事，松花酿酒，春水煎茶。

其中，尤以最后一句最为动人。山中何事，松花酿酒，春水煎茶。一组镜头对所描绘出的图画，光是想象，已然让人有快然恣意之感。于是乎最终，人还是要回到大自然的怀抱，取自然之钟灵造化，品自然之春秋冬夏。于是以松花做引，夜夜诗酒繁华；以春水为基，日日品茗书画。卸下俗世，扫清尘埃，山里清净一生，还原一世芳华。张可久长期为吏，生活的艰辛使他向往归隐。因此他的曲中，常常描写的是归隐山林时的所见之景，抒发的是归隐生活的闲适舒心。

另一首【南吕】《金字经·青霞洞赵肃斋索赋》也同样出彩：

酒后诗情放，水边归路差。何处青霞仙子家？沙，翠苔横古槎。竹阴下，小鱼争柳花。

于动静相生中，挥洒出一派闲适的秀韵。张可久通过对一些细节的描写，诸如青苔、竹阴、小鱼、柳花，使所有的事物形成一个流动的整体。在这首元曲所呈现的画面中，流淌着一种肆意的情韵，契合了开头"酒后诗情放"的洒脱不羁。前人赞张可久"笔落龙蛇起，才展风云秀"，看来所非虚言。

东坡有言：人间有味是清欢。到张可久这里，似是发挥到了极致。字字清致，不落俗套；句句摹景，又能流露丝丝情意。往往说入世容易出世难，东坡先生疯狂一生也难免时常感叹时运不济，张可久也未能免俗。但探究他的作品，却能与一片纷杂中洞悉他内心的宁静安稳，于茫茫尘世中窥见他的练达超脱。即使是在写咏史叹世之作，依然可以从中寻到一些清欢的味道。比如【正宫】《汉东山》，妙用"碎整"之法，以"走不脱，那一锅，马嵬坡"作尾，清醒地点出李杨爱情悲剧的必然性，"愈碎愈整，愈断愈连"，跳出常人对这场盛大无双的感伤，反令人耳目一新。再比如【双调】《拨不断·会稽道中》：慕田舞，故宫花，愁烟恨水丹青画，峻宇雕墙宰相家，夕阳芳草渔樵话，百年之下。一句"百年之下"，结得其味无穷，透着一丝清冷，引出一缕韵味苍古。

清欢，到底是一种怎样的生命姿态？明明红尘中会被诸多杂事困扰，又如何能做到"水落石出"般的明净？作为清丽派的代表人物，张可久在曲中所表达出的隐逸无疑表现出了他的一种清明，不仅反映在内容上，更体现在他写曲的手法和布局上。不过在我看来，张可久的"清欢"也不是完全的清欢。身处山野，亲近自然，人很容易就生出远离俗世、清净一生的念想，如此清欢也算不得是真正由心底而发。而所谓大隐隐于市，身处闹市还能保持清醒的姿态，如此清欢，才是真正品尝过世间百味后的明澈。

只是能真正达到这样一种高度，何其困难？

图 9-63　原始文本

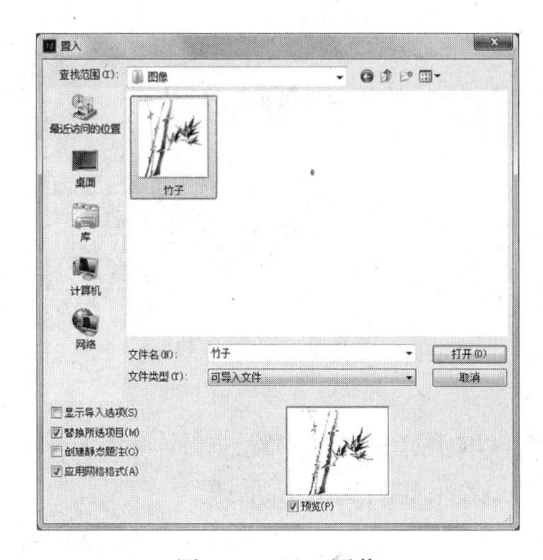

图 9-64　置入图像

人间有味是清欢

——探寻张可久的元曲世界

张可久是元代散曲清丽派的代表作家，他的作品往往“表现了闲适散逸的情趣，同时吸收了诗词的声律、句法及辞藻到散曲中，形成一种清丽而不失自然的风格”。

在张可久的元曲创作中，我最为欣赏的是他的【黄钟】《人月圆·山中书事》：

兴亡千古繁华梦，诗眼倦天涯。孔林乔木，吴宫蔓草，楚庙寒鸦。数间茅舍，藏书万卷，投老村家。山中何事，送花酿酒，春水煎茶。

其中，尤以最后一句最为动人。山中何事，松花酿酒，春水煎茶。一组鼎足对所描绘出的图画，光是想象，已然让人有快然恣意之感。于是乎最终，人还是要回到大自然的怀抱，取自然之钟灵造化，品自然之春秋冬夏。于是以松花做引，夜夜诗酒繁华；以春水为基，日日品茗书画。卸下俗世，扫清尘埃，山里清净一生，还原一世芳华。

张可久长期为吏，生活的　　根深使他向往归隐。因

此他的曲中，常常描写的　　是归隐山林时的所见之

景，抒发的是归隐生活的　　闲适舒心。

另一首【南吕】《金字　　经·青霞洞赵肃斋索赋》

也同样出彩：

酒后诗情放，水边归路　　差。何处青霞仙子家？

沙，翠苔横古槎。竹阴下，　　小鱼争柳花。

于动静相生中，挥洒出　　一派闲适的秀韵。张可

久通过对一些细节的描写，　　诸如青苔、竹阴、小鱼、

柳花，使所有的事物形成　　一个流动的整体。在这

首元曲所呈现的画面中，　　流淌着一种肆意的情韵，

契合了开头“酒后诗情放”　　的洒落不羁。前人赞张

可久“笔落龙蛇起，才展　　风云秀”，看来所非虚言。

东坡有言：人间有味是　　清欢。到张可久这里，

似是发挥到了极致。字字　　清致，不落俗套；句句

寨景，又能流露丝丝情意。往往说入世容易出世难，东坡先生疏狂一生也难免时常感叹时运不济，张可久也未能免俗。但探究他的作品，却能与一片纷杂中洞悉他内心的宁静安稳，于茫茫尘世中窥见他的练达超脱。即使是在写咏史叹世之作，依然可以从中寻到一些清欢的味道。比如【正宫】《汉东山》，妙用“碎整”之法，以“走不脱，那一埚，马嵬坡”作尾，清醒地点出李杨爱情悲剧的必然性，“愈碎愈整，愈断愈连”，跳出常人对这场盛大无双的感伤，反令人耳目一新。再比如【双调】《拨不断·会稽道中》：墓田鸦，故宫花，愁烟恨水丹青画，峻宇雕墙宰相家，夕阳芳草渔樵话，百年之下。一句“百年之下”，结得其味无穷，透着一丝清冷，引出一缕凝练苍古。

清欢，到底是一种怎样的生命姿态？明明红尘中会被诸多杂事困扰，又如何能做到“水落石出”般的明净？作为清丽派的代表人物，张可久在曲中所表达出的隐逸无疑表现出了他的一种清明，不仅反映在内容上，更体现在他写曲的手法和布局上。不过在我看来，张可久的“清欢”也不是完全的清欢。身处山野，亲近自然，人很容易就生出远离俗世、清净一生的念想，如此清欢也算不得是真正由心底而发。而所谓大隐隐于市，身处闹市还能保持清醒的姿态，如此清欢，才是真正品尝过世间百味后的明澈。

只是能真正达到这样一种高度，何其困难？

图 9-65　沿定界框绕排

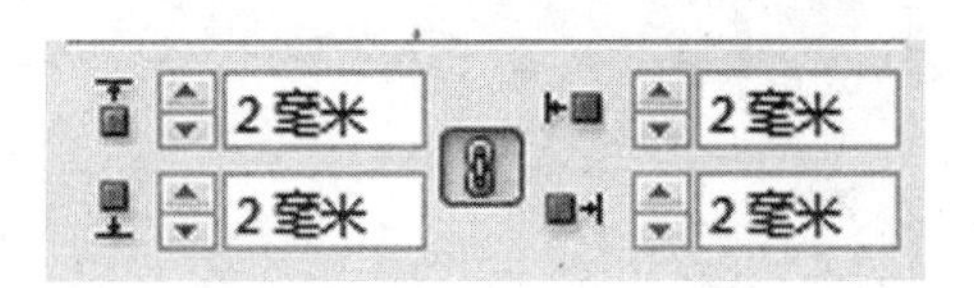

图 9-66　位移参数

操作者可以单击该图标取消这种绑定设置，根据具体要求设置不同的参数。

④调整图像位置，效果如图 9-67 所示。

⑤在“绕排选项”中，提供了“朝向书脊侧”和“面向书脊侧”两种选项，如图 9-68 所示。选择后，会产生不同的效果，如图 9-69 和图 9-70 所示。

人间有味是清欢
——探寻张可久的元曲世界

张可久是元代散曲清丽派的代表作家，他的作品往往“表现了闲适散逸的情趣，同时吸收了诗词的声律、句法及辞藻到散曲中，形成一种清丽而不失自然的风格”。

在张可久的元曲创作中，我最为欣赏的是他的【黄钟】《人月圆·山中书事》：

兴亡千古繁华梦，诗眼倦天涯。孔林乔木，吴宫蔓草，楚庙寒鸦。数间茅舍，藏书万卷，投老村家。山中何事，送花酿酒，春水煎茶。

其中，尤以最后一句最为动人。山中何事，松花酿酒，春水煎茶。一组鼎足对所描绘出的图画，光是想象，已然让人有快然恣意之感。于是乎最终，人还是要回到大自然的怀抱，取自然之钟灵造化，品自然之春秋冬夏。于是以松花做引，夜夜诗酒繁华；以春水为基，日日品茗书画。卸下俗世，扫清尘埃，山里清净一生，还原一世芳华。张可久长期为吏，生活的艰辛使他向往归隐。因此他的曲中，常常描写的是归隐山林时的所见之景，抒发的是归隐生活的闲适舒心。

另一首【南吕】《金字经·青霞洞赵肃斋索赋》也同样出彩：

酒后诗情放，水边归路差。何处青霞仙子家？沙，翠苔横古槎。竹阴下，小鱼争柳花。

于动静相生中，挥洒出一派闲适的秀韵。张可久通过对一些细节的描写，诸如青苔、竹阴、小鱼、柳花，使所有的事物形成一个流动的整体。在这首元曲所呈现的画面中，流淌着一种肆意的情韵，契合了开头“酒后诗情放”的洒落不羁。前人赞张可久“笔落龙蛇起，才展风云秀”，看来所非虚言。

东坡有言：人间有味是清欢。到张可久这里，似是发挥到了极致。字字清致，不落俗套；句句豪景，又能流露丝丝情意。往往说入世容易出世难，东坡先生疏狂一生也难免时常感叹时运不济，张可久也未能免俗。但探究他的作品，却能与一片纷杂中洞悉他内心的宁静安稳，于茫茫尘世中窥见他的练达超脱。即使是在写咏史叹世之作，依然可以从中寻到一些清欢的味道。比如【正宫】《汉东山》，妙用“碎整”之法，以“走不脱，那一埚，马嵬坡”作尾，清醒地点出李杨爱情悲剧的必然性，“愈碎愈整，愈断愈连”，跳出常人对这场盛大无双的感伤，反令人耳目一新。再比如【双调】《拨不断·会稽道中》：

墓田鸦，故宫花，愁烟恨水丹青画，峻宇雕墙宰相家，夕阳芳草渔樵话，百年之下。

一句“百年之下”，结得其味无穷，透着一丝清冷，引出一缕凝练苍古。

清欢，到底是一种怎样的生命姿态？明明红尘中会被诸多杂事困扰，又如何能做到“水落石出”般的明净？作为清丽派的代表人物，张可久在曲中所表达出的隐逸无疑表现出了他的一种清明，不仅反映在内容上，更体现在他写曲的手法和布局上。不过在我看来，张可久的“清欢”也不是完全的清欢。身处山野，亲近自然，人很容易就生出远离俗世、清净一生的念想，如此清欢也算不得是真正由心底而发。而所谓大隐隐于市，身处闹市还能保持清醒的姿态，如此清欢，才是真正品尝过世间百味后的明澈。

只是能真正达到这样一种高度，何其困难？

图 9-67　绕定界框绕排效果

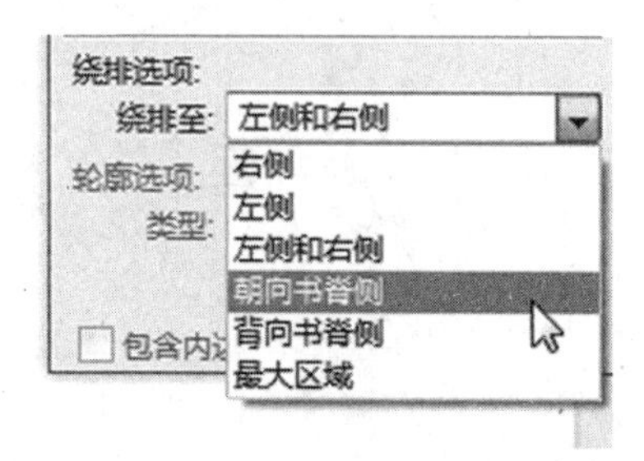

图 9-68　绕排选项

人间有味是清欢

——探寻张可久的元曲世界

张可久是元代散曲清丽派的代表作家，他的作品往往"表现了闲适散逸的情趣，同时吸收了诗词的声律、句法及辞藻到散曲中，形成一种清丽而不失自然的风格"。

在张可久的元曲创作中，我最为欣赏的是他的【黄钟】《人月圆·山中书事》：

兴亡千古繁华梦，诗眼倦天涯。孔林乔木，吴宫蔓草，楚庙寒鸦。数间茅舍，藏书万卷，投老村家。山中何事，松花酿酒，春水煎茶。

其中，尤以最后一句最为动人。山中何事，松花酿酒，春水煎茶。一组鼎足对所描绘出的图画，光是想象，已然让人有快然恣意之感。于是乎最终，人还是要回到大自然的怀抱，取自然之钟灵造化，品自然之春秋冬夏。于是以松花做引，夜夜诗酒繁华；以春水为基，日日品茗书画。卸下俗世，扫清尘埃，山里清净一生，还原一世芳华。张可久长期为吏，生活的艰辛使他向往归隐。因此他的曲中，常常描写的是归隐山林时的所见之景，抒发的是归隐生活的闲适舒心。

另一首【南吕】《金字经·青霞洞赵肃斋索赋》也同样出彩：

酒后诗情放，水边归路差。何处青霞仙子家？沙，翠苔横古槎。竹阴下，小鱼争柳花。

于动静相生中，挥洒出一派闲适的秀韵。张可久通过对一些细节的描写，诸如青苔、竹阴、小鱼、柳花，使所有的事物形成一个流动的整体。在这首元曲所呈现的画面中，流淌着一种肆意的情韵，契合了开头"酒后诗情放"的洒落不羁。前人赞张可久"笔落龙蛇起，才展风云秀"，看来所非虚言。

东坡有言：人间有味是清欢。到张可久这里，似是发挥到了极致。字字清致，不落俗套；句句摹景，又能流露丝丝情意。往往说入世容易出世难，东坡先生疏狂一生也难免时常感叹时运不济，张可久也未能免俗。但探究他的作品，却能与一片纷杂中洞悉他内心的宁静安稳，于茫茫尘世中窥见他的练达超脱。即使是在写咏史叹世之作，依然可以从中寻到一些清欢的味道。比如【正宫】《汉东山》，妙用"碎整"之法，以"走不脱，那一搦，马嵬坡"作尾，清醒地点出李杨爱情悲剧的必然性，"愈碎愈整，愈断愈连"，跳出常人对这场盛大无双的感伤，反令人耳目一新。再比如【双调】《拨不断·会稽道中》：墓田鸦，故宫花，愁烟恨水丹青画，峻宇雕墙宰相家，夕阳芳草渔樵话，百年之下。一句"百年之下"，结得其味无穷，透着一丝清冷，引出一缕凝练苍古。

清欢，到底是一种怎样的生命姿态？明明红尘中会被诸多杂事困扰，又如何能做到"水落石出"般的明净？作为清丽派的代表人物，张可久在曲中所表达出的隐逸无疑表现出了他的一种清明，不仅反映在内容上，更体现在他写曲的手法和布局上。不过在我看来，张可久的"清欢"也不是完全的清欢。身处山野，亲近自然，人很容易就生出远离俗世、清净一生的念想，如此清欢也算不得是真正由心底而发。而所谓大隐隐于市，身处闹市还能保持清醒的姿态，如此清欢，才是真正品尝过世间百味后的明澈。

只是能真正达到这样一种高度，何其困难？

图 9-69　朝向书脊侧

人间有味是清欢

——探寻张可久的元曲世界

张可久是元代散曲清丽派的代表作家，他的作品往往"表现了闲适散逸的情趣，同时吸收了诗词的声律、句法及辞藻到散曲中，形成一种清丽而不失自然的风格"。

在张可久的元曲创作中，我最为欣赏的是他的【黄钟】《人月圆·山中书事》：

兴亡千古繁华梦，诗眼倦天涯。孔林乔木，吴宫蔓草，楚庙寒鸦。数间茅舍，藏书万卷，投老村家。山中何事，松花酿酒，春水煎茶。

其中，尤以最后一句最为动人。山中何事，松花酿酒，春水煎茶。一组鼎足对所描绘出的图画，光是想象，已然让人有快然恣意之感。于是乎最终，人还是要回到大自然的怀抱，取自然之钟灵造化，品自然之春秋冬夏。于是以松花做引，夜夜诗酒繁华；以春水为基，日日品茗书画。卸下俗世，扫清尘埃，山里清净一生，还原一世芳华。张可久长期为吏，生活的艰辛使他向往归隐。因此他的曲中，常常描写的是归隐山林时的所见之景，抒发的是归隐生活的闲适舒心。

另一首【南吕】《金字经·青霞洞赵肃斋索赋》也同样出彩：

酒后诗情放，水边归路差。何处青霞仙子家？沙，翠苔横古槎。竹阴下，小鱼争柳花。

于动静相生中，挥洒出一派闲适的秀韵。张可久通过对一些细节的描写，诸如青苔、竹阴、小鱼、柳花，使所有的事物形成一个流动的整体。在这首元曲所呈现的画面中，流淌着一种肆意的情韵，契合了开头"酒后诗情放"的洒落不羁。前人赞张可久"笔落龙蛇起，才展风云秀"，看来所非虚言。

东坡有言：人间有味是清欢。到张可久这里，似是发挥到了极致。字字清致，不落俗套；句句摹景，又能流露丝丝情意。往往说入世容易出世难，东坡先生疏狂一生也难免时常感叹时运不济，张可久也未能免俗。但探究他的作品，却能与一片纷杂中洞悉他内心的宁静安稳，于茫茫尘世中窥见他的练达超脱。即使是在写咏史叹世之作，依然可以从中寻到一些清欢的味道。比如【正宫】《汉东山》，妙用"碎整"之法，以"走不脱，那一搦，马嵬坡"作尾，清醒地点出李杨爱情悲剧的必然性，"愈碎愈整，愈断愈连"，跳出常人对这场盛大无双的感伤，反令人耳目一新。再比如【双调】《拨不断·会稽道中》：墓田鸦，故宫花，愁烟恨水丹青画，峻宇雕墙宰相家，夕阳芳草渔樵话，百年之下。一句"百年之下"，结得其味无穷，透着一丝清冷，引出一缕凝练苍古。

清欢，到底是一种怎样的生命姿态？明明红尘中会被诸多杂事困扰，又如何能做到"水落石出"般的明净？作为清丽派的代表人物，张可久在曲中所表达出的隐逸无疑表现出了他的一种清明，不仅反映在内容上，更体现在他写曲的手法和布局上。不过在我看来，张可久的"清欢"也不是完全的清欢。身处山野，亲近自然，人很容易就生出远离俗世、清净一生的念想，如此清欢也算不得是真正由心底而发。而所谓大隐隐于市，身处闹市还能保持清醒的姿态，如此清欢，才是真正品尝过世间百味后的明澈。

只是能真正达到这样一种高度，何其困难？

图 9-70　背向书脊侧

9.4.2 沿对象形状绕排

(1)置入 PNG 格式图像

①在 Photshop 中编辑图像“竹子 . jpg”，去掉白色背景，并将图像保存为“png 格式”。置入图像“竹子 . png”。

②在“文本绕排”面板中，选择沿对象形状绕排“▣”，并在面板“轮廓类型”选项中，选择“Alpha 通道”选项，如图 9-71 所示。

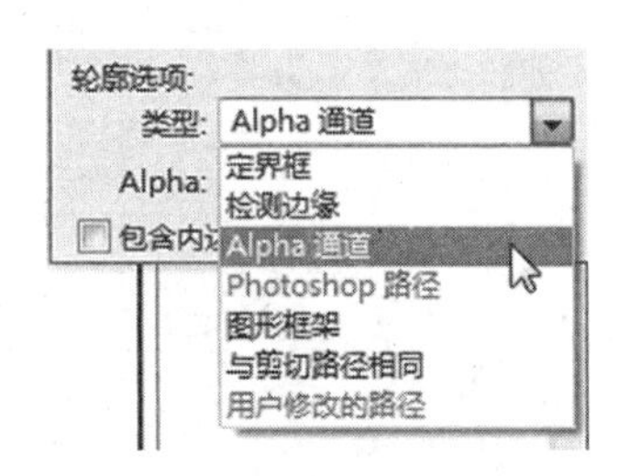

图 9-71　轮廓类型

③设置位移参数为 5 毫米。

④效果如图 9-72 所示。

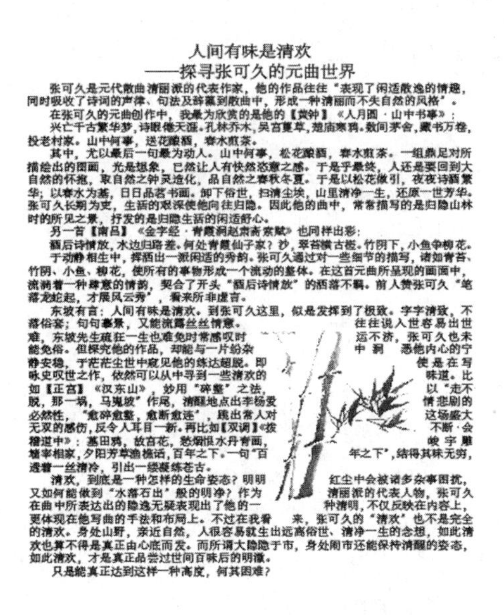
人间有味是清欢
——探寻张可久的元曲世界

张可久是元代散曲清丽派的代表作家，他的作品往往“表现了闲适散逸的情趣，同时吸收了诗词的声律、句法及辞藻到散曲中，形成一种清丽而不失自然的风格”。

在张可久的元曲创作中，我最为欣赏的是他的【黄钟】《人月圆·山中书事》：

兴亡千古繁华梦，诗眼倦天涯。孔林乔木，吴宫蔓草，楚庙寒鸦。数间茅舍，藏书万卷，投老村家。山中何事，送花酿酒，春水煎茶。

其中，尤以最后一句最为动人。山中何事，松花酿酒，春水煎茶。一组鼎足对所描绘出的图画，光是想象，已然让人有快然恣意之感。于是乎最终，人还是要回到大自然的怀抱，取自然之钟灵造化，品自然之春秋冬夏。于是以松花做引，夜夜诗酒繁华；以春水为盏，日日品茗书画。卸下俗世，扫清尘埃，山里清净一生，还原一世芳华。张可久长期为吏，生活的艰深使他向往归隐。因此他的曲中，常常描写的是归隐山林时的所见之景，抒发的是归隐生活的闲适舒心。

另一首【南吕】《金字经·青霞洞赵肃斋索赋》也同样出彩：

酒后诗情放，水边归路差。何处青霞仙子家？沙，翠苔横古槎。竹阴下，小鱼争柳花。

于动静相生中，挥洒出一派闲适的秀韵。张可久通过对一些细节的描写，诸如青苔、竹阴、小鱼、柳花，使所有的事物形成一个流动的整体。在这首元曲所呈现的画面中，流淌着一种肆意的情韵，契合了开头“酒后诗情放”的洒落不羁。前人赞张可久“笔落龙蛇起，才展风云秀”，看来所非虚言。

东坡有言：人间有味是清欢。到张可久这里，似是发挥到了极致。字字清致，不落俗套；句句事景，又能流露丝丝情意。 往往说入世容易出世
难，东坡先生疏狂一生也难免时常感叹时 运不济，张可久也未
能免俗。但探究他的作品，却能与一片纷杂 中 洞 悉他内心的宁
静安稳，于茫茫尘世中窥见他的练达超脱。即 使是在写
咏史叹世之作，依然可以从中寻到一些清欢的 味道。比
如【正宫】《汉东山》，妙用“碎整”之法， 以“走不
脱，那一祸，马嵬坡”作尾，清醒地点出李杨爱 情悲剧的
必然性，“愈碎愈整，愈断愈连”，跳出常人对 这场盛大
无双的感伤，反令人耳目一新。再比如【双调】《孩 不断·会
稽道中》：燕田鸦，故宫花，愁烟恨水丹青画， 峻 字 雕
墙宰相家，夕阳芳草渔樵话，百年之下。一句“百 年之下”，结得其味无穷，
透着一丝清冷，引出一缕凝练苍古。

清欢，到底是一种怎样的生命姿态？明明 红尘中会被诸多杂事困扰，
又如何能做到“水落石出”般的明净？作为 清丽派的代表人物，张可久
在曲中所表达出的隐逸无疑表现出了他的一 种清明，不仅反映在内容上，
更体现在他写曲的手法和布局上。不过在我看 来，张可久的“清欢”也不是完全的清欢。身处山野，亲近自然，人很容易就生出远离俗世、清净一生的念想，如此清欢也算不得是真正由心底而发。而所谓大隐隐于市，身处闹市还能保持清醒的姿态，如此清欢，才是真正品尝过世间百味后的明澈。

只是能真正达到这样一种高度，何其困难？

图 9-72　按对象形状绕排效果

⑤在这里可以比较一下图 9-67 与图 9-72，可对比出两种绕排效果的区别，如图 9-73。

人间有味是清欢
——探寻张可久的元曲世界

张可久是元代散曲清丽派的代表作家，他的作品往往"表现了闲适散逸的情趣，同时吸收了诗词的声律、句法及辞藻到散曲中，形成一种清丽而不失自然的风格"。

在张可久的元曲创作中，我最为欣赏的是他的【黄钟】《人月圆·山中书事》：

兴亡千古繁华梦，诗眼倦天涯。孔林乔木，吴宫蔓草，楚庙寒鸦。数间茅舍，藏书万卷，投老村家。山中何事，送花酿酒，春水煎茶。

其中，尤以最后一句最为动人。山中何事，松花酿酒，春水煎茶。一组鼎足对所描绘出的图画，光是想象，已然让人有快然惬意之感。于是乎最终，人还是要回到大自然的怀抱，取自然之钟灵造化，品自然之春秋冬夏。于是以松花做引，夜夜诗酒繁华；以春水为基，日日品茗书画。卸下俗世，扫清尘埃，山里清净一生，还原一世芳华。张可久长期为吏，生活的艰深使他向往归隐。因此他的曲中，常常描写的是归隐山林时的所见之景，抒发的是归隐生活的闲适舒心。

另一首【南吕】《金字经·青霞洞赵肃斋索赋》也同样出彩：

酒后诗情放，水边归路差。何处青霞仙子家？沙，翠苔横古槎。竹阴下，小鱼争柳花。

于动静相生中，挥洒出一派闲适的秀韵。张可久通过对一些细节的描写，诸如青苔、竹阴、小鱼、柳花，使所有的事物形成一个流动的整体。在这首元曲所呈现的画面中，流淌着一种肆意的情韵，契合了开头"酒后诗情放"的洒落不羁。前人赞张可久"笔落龙蛇起，才展风云秀"，看来所非虚言。

东坡有言：人间有味是清欢。到张可久这里，似是发挥到了极致。字字清致，不落俗套；句句写景，又能流露丝丝情意。　往往说入世容易出世难，东坡先生疏狂一生也难免时常感叹时　运不济，张可久也未能免俗。但探究他的作品，却能与一片纷杂　中 洞　悉他内心的宁静安稳，于茫茫尘世中窥见他的练达超脱。即　使是在写咏史叹世之作，依然可以从中寻到一些清欢的　味道。比如【正宫】《汉东山》，妙用"碎整"之法，　以"走不脱，那一埚，马嵬坡"作尾，清醒地点出李杨爱　情悲剧的必然性，"愈碎愈整，愈断愈连"，跳出常人对　这场盛大无双的感伤，反令人耳目一新。再比如【双调】《拨　不断·会稽道中》：墓田鸦，故宫花，愁烟恨水丹青画，　峻宇雕墙宰相家，夕阳芳草渔樵话，百年之下。一句"百　年之下"，结得其味无穷，透着一丝清冷，引出一缕凝练苍古。

清欢，到底是一种怎样的生命姿态？明明　红尘中会被诸多杂事困扰，又如何能做到"水落石出"般的明净？作为　清丽派的代表人物，张可久在曲中所表达出的隐逸无疑表现出了他的一　种清明，不仅反映在内容上，更体现在他写曲的手法和布局上。不过在我看　来，张可久的"清欢"也不是完全的清欢。身处山野，亲近自然，人很容易就生出远离俗世、清净一生的念想，如此清欢也算不得是真正由心底而发。而所谓大隐隐于市，身处闹市还能保持清醒的姿态，如此清欢，才是真正品尝过世间百味后的明澈。

只是能真正达到这样一种高度，何其困难？

图 9-73　绕排效果对比

(2) 置入其他格式图像

①选择置入的图像"竹子 . jpg"。

②选择图像，点击菜单栏"对象"—"剪切路径"—"选项"，如图 9-74 所示

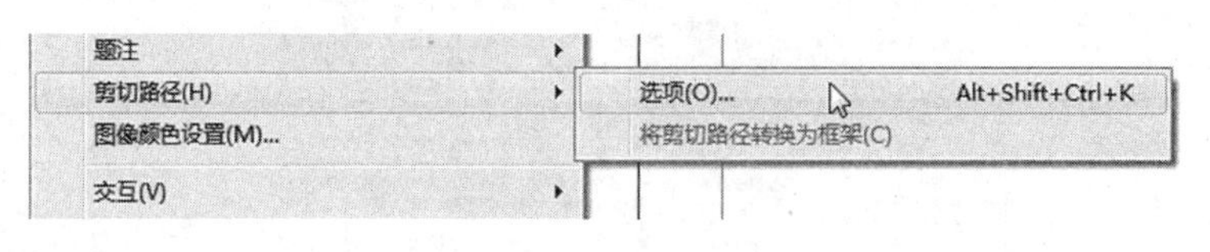

图 9-74　剪切路径

③在弹出的选项框中，选择类型"检测边缘"，设置好其他参数后，点击确定，如图 9-75 所示。

④在"文本绕排"面板中，选择沿对象形状绕排"▣"，将位移参数设置为 5 毫米。注意到此时轮廓类型为"与剪切路径相同"，如图 9-76 所示。

⑤调整路径位置，效果如图 9-77 所示。

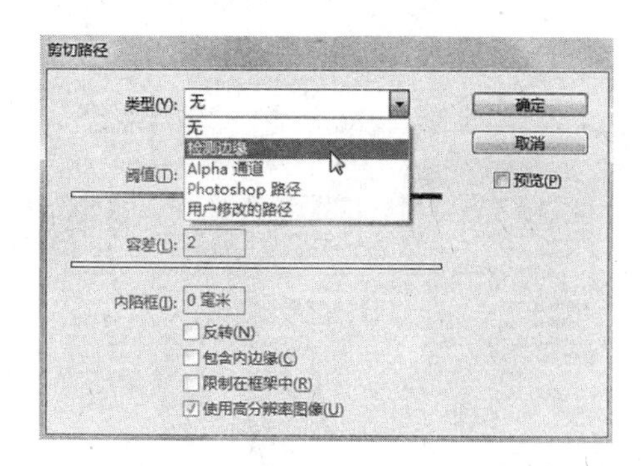

图 9-75　编辑路径

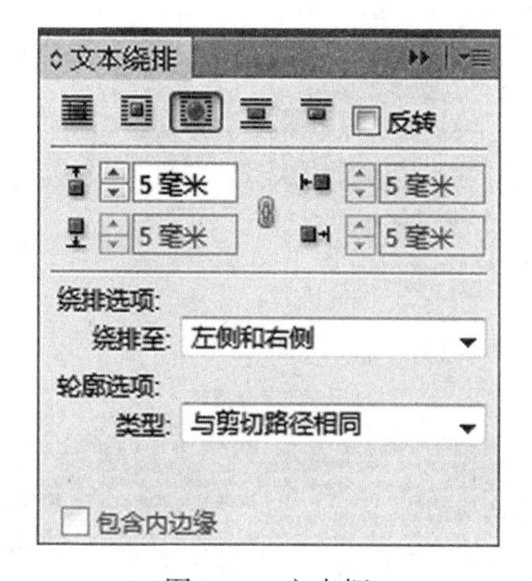

图 9-76　文本框

9.4.3　上下型绕排

①选择置入的图像“竹子.jpg”。

②在“文本绕排”面板中，选择上下型绕排“”。设定位移参数为 2 毫米。

③效果如图 9-78 所示。

9.4.4　下型绕排

①选择置入的图像“竹子.jpg”。

②在“文本绕排”面板中，选择下型绕排“”。

③效果如图 9-79 所示。

人间有味是清欢

——探寻张可久的元曲世界

张可久是元代散曲清丽派的代表作家，他的作品往往“表现了闲适散逸的情趣，同时吸收了诗词的声律、句法及辞藻到散曲中，形成一种清丽而不失自然的风格”。

在张可久的元曲创作中，我最为欣赏的是他的【黄钟】《人月圆·山中书事》：

兴亡千古繁华梦，诗眼倦天涯。孔林乔木，吴宫蔓草，楚庙寒鸦。数间茅舍，藏书万卷，投老村家。山中何事，送花酿酒，春水煎茶。

其中，尤以最后一句最为动人。山中何事，松花酿酒，春水煎茶。一组鼎足对所描绘出的图画，光是想象，已然让人有快然惬意之感。于是乎最终，人还是要回到大自然的怀抱，取自然之钟灵造化，品自然之春秋冬夏。于是以松花做引，夜夜诗酒繁华；以春水为基，日日品茗书画。卸下俗世，扫清尘埃，山里清净一生，还原一世芳华。张可久长期为吏，生活的艰深使他向往归隐。因此他的曲中，常常描写的是归隐山林时的所见之景，抒发的是归隐生活的闲适舒心。

另一首【南吕】《金字经·青霞洞赵肃斋索赋》也同样出彩：

酒后诗情放，水边归路差。何处青霞仙子家？沙，翠苔横古槎。竹阴下，小鱼争柳花。

于动静相生中，挥洒出一派闲适的秀韵。张可久通过对一些细节的描写，诸如青苔、竹阴、小鱼、柳花，使所有的事物形成一个流动的整体。在这首元曲所 呈现的画面中，流淌着一种肆意的情韵，契合了开头“酒后诗 情放”的洒落不羁。前人赞张可久“笔落龙蛇起，才展风云秀”，看来所非虚言。

东坡有言：人间有味是清欢。到张可久这里，似是发挥到了极致。字字清致，不落俗套；句句摹景，又能流露丝丝情意。往往说入世容易出世难，东坡先生疏狂一生也难免时常感叹时运不济，张可久也未能免俗。但探究他的作品，却能与一片纷杂中洞悉他内心的宁静安稳，于茫茫尘世中窥见他的练达超脱。即使是在写咏史叹世之作，依然可以从中寻到一些清欢的味道。比如【正宫】《汉东山》，妙用“碎整”之法，以“走不脱，那一埚，马嵬坡”作尾，清醒地点出李杨爱情悲剧的必然性，“愈碎愈整，愈断愈连”，跳出常人对这场盛大无双的感伤，反令人耳目一新。再比如【双调】《拨不断·会稽道中》：墓田鸦，故宫花，愁烟恨水丹青画，峻宇雕墙宰相家，夕阳芳草渔樵话，百年之下。一句“百年之下”，结得其味无穷，透着一丝清冷，引出一缕凝练苍古。

清欢，到底是一种怎样的生命姿态？明明红尘中会被诸多杂事困扰，又如何能做到“水落石出”般的明净？作为清丽派的代表人物，张可久在曲中所表达出的隐逸无疑表现出了他的一种清明，不仅反映在内容上，更体现在他写曲的手法和布局上。不过在我看来，张可久的“清欢”也不是完全的清欢。身处山野，亲近自然，人很容易就生出远离俗世、清净一生的念想，如此清欢也算不得是真正由心底而发。而所谓大隐隐于市，身处闹市还能保持清醒的姿态，如此清欢，才是真正品尝过世间百味后的明澈。

只是能真正达到这样一种高度，何其困难？

图 9-77　效果

人间有味是清欢

——探寻张可久的元曲世界

张可久是元代散曲清丽派的代表作家，他的作品往往“表现了闲适散逸的情趣，同时吸收了诗词的声律、句法及辞藻到散曲中，形成一种清丽而不失自然的风格”。

在张可久的元曲创作中，我最为欣赏的是他的【黄钟】《人月圆·山中书事》：

兴亡千古繁华梦，诗眼倦天涯。孔林乔木，吴宫蔓草，楚庙寒鸦。数间茅舍，藏书万卷，投老村家。山中何事，送花酿酒，春水煎茶。

其中，尤以最后一句最为动人。山中何事，松花酿酒，春水煎茶。一组鼎足对所描绘出的图画，光是想象，已然让人有快然惬意之感。于是乎最终，人还是要回到大自然的怀抱，取自然之钟灵造化，品自然之春秋冬夏。于是以松花做引，夜夜诗酒繁华；以春水为基，日日品茗书画。卸下俗世，扫清尘埃，山里清净一生，还原一世芳华。张可久长期为吏，生活的艰深使他向往归隐。因此他的曲中，常常描写的是归隐山林

时的所见之景，抒发的是归隐生活的闲适舒心。

另一首【南吕】《金字经·青霞洞赵肃斋索赋》也同样出彩：

酒后诗情放，水边归路差。何处青霞仙子家？沙，翠苔横古槎。竹阴下，小鱼争柳花。

于动静相生中，挥洒出一派闲适的秀韵。张可久通过对一些细节的描写，诸如青苔、竹阴、小鱼、柳花，使所有的事物形成一个流动的整体。在这首元曲所呈现的画面中，流淌着一种肆意的情韵，契合了开头“酒后诗情放”的洒落不羁。前人赞张可久“笔落龙蛇起，才展风云秀”，看来所非虚言。

东坡有言：人间有味是清欢。到张可久这里，似是发挥到了极致。字字清致，不落俗套；句句摹景，又能流露丝丝情意。往往说入世容易出世难，东坡先生疏狂一生也难免时常感叹时运不济，张可久也未能免俗。但探究他的作品，却能与一片纷杂中洞悉他内心的宁静安稳，于茫茫尘世中窥见他的练达超脱。即使是在写咏史叹世之作，依然可以从中寻到一些清欢的味道。比如【正宫】《汉东山》，妙用“碎整”之法，以“走不脱，那一埚，马嵬坡”作尾，清醒地点出李杨爱情悲剧的必然性，“愈碎愈整，愈断愈连”，跳出常人对这场盛大无双的感伤，反令人耳目一新。再比如【双调】《拨不断·会稽道中》：墓田鸦，故宫花，愁烟恨水丹青画，峻宇雕墙宰相家，夕阳芳草渔樵话，百年之下。一句“百年之下”，结得其味无穷，透着一丝清冷，引出一缕凝练苍古。

图 9-78　上下型绕排效果

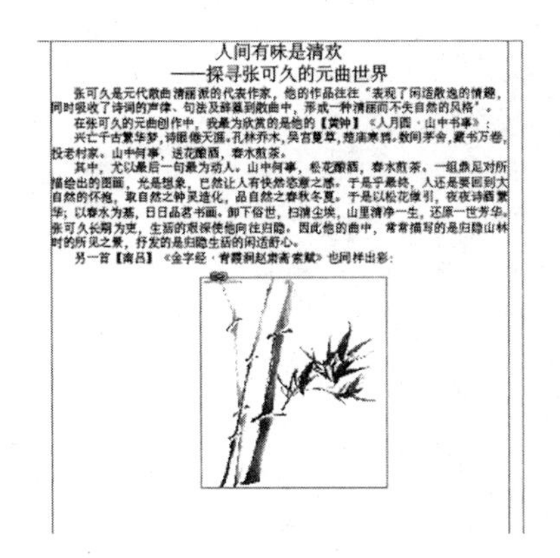

人间有味是清欢
——探寻张可久的元曲世界

张可久是元代散曲清丽派的代表作家，他的作品往往“表现了闲适散逸的情趣，同时吸收了诗词的声律、句法及辞藻到散曲中，形成一种清丽而不失自然的风格”。

在张可久的元曲创作中，我最为欣赏的是他的【黄钟】《人月圆·山中书事》：

兴亡千古繁华梦，诗眼倦天涯。孔林乔木，吴宫蔓草，楚庙寒鸦。数间茅舍，藏书万卷，投老村家。山中何事，送花酿酒，春水煎茶。

其中，尤以最后一句最为动人。山中何事，松花酿酒，春水煎茶。一组鼎足对所描绘出的图画，光是想象，已然让人有快然惬意之感。于是乎最终，人还是要回到大自然的怀抱，取自然之钟灵造化，品自然之春秋冬夏。于是以松花做引，夜夜诗酒繁华；以春水为基，日日品茗书画。卸下俗世，扫清尘埃，山里清净一生，还原一世芳华。张可久长期为吏，生活的艰辛使他向往归隐。因此他的曲中，常常描写的是归隐山林时的所见之景，抒发的是归隐生活的闲适舒心。

另一首【南吕】《金字经·胄霞洞赵肃斋索赋》也同样出彩:

酒后诗情放，水边归路差。何处青霞仙子家？沙，草香横古槎。竹阴下，小鱼争柳花。

于动静相生中，挥洒出一派闲适的秀韵。张可久通过对一些细节的描写，诸如青苔、竹阴、小鱼、柳花，使所有的事物形成一个流动的整体。在这首元曲所呈现的画面中，流淌着一种惬意的情韵，契合了开头“酒后诗情放”的洒落不羁。前人赞张可久“笔落龙蛇起，才展风云秀”，看来所非虚言。

东坡有言：人间有味是清欢。到张可久这里，似是发挥到了极致。字字清致，不落俗套；句句事景，又能流露丝丝情意。往往说入世容易出世难，东坡先生疏狂一生也难免时常感叹时运不济，张可久也未能免俗。但探究他的作品，却能与一片纷杂中洞悉他内心的宁静安稳，于茫茫尘世中窥见他的练达超脱。即使是在写咏史叹世之作，依然可以从中寻到一些清欢的味道。比如【正宫】《汉东山》，妙用“碎整”之法，以“走不脱，那一搦，马嵬坡”作尾，清醒地点出李杨爱情悲剧的必然性，“愈碎愈整，愈断愈连”，跳出常人对这场盛大无双的感伤，反令人耳目一新。再比如【双调】《拨不断·会稽道中》：慕田鹤，故宫花，愁烟恨水丹青画，峻宇雕墙宰相家，夕阳芳草渔樵话，百年之下。一句“百年之下”，结得其味无穷，透着一丝清冷，引出一缕凝练苍古。

清欢，到底是一种怎样的生命姿态？明明红尘中会被诸多杂事困扰，又如何能做到“水落石出”般的明净？作为清丽派的代表人物，张可久在曲中所表达出的隐逸无疑表现出了他的一种清明，不仅反映在内容上，更体现在他写曲的手法和布局上。不过在我看来，张可久的“清欢”也不是完全的清欢。身处山野，亲近自然，人很容易就生出远离俗世、清净一生的念想，如此清欢也算不得是真正由心底而发。而所谓大隐隐于市，身处闹市还能保持清醒的姿态，如此清欢，才是真正品尝过世间百味后的明澈。

只是能真正达到这样一种高度，何其困难？

图 9-79　下型绕排效果

【小窍门】

①在“沿对象形状绕排”时，置入非“png 格式”图像进入“剪切路径”文本框后，选择“包含内边缘”，如图 9-80 所示，可产生如图 9-81 效果。

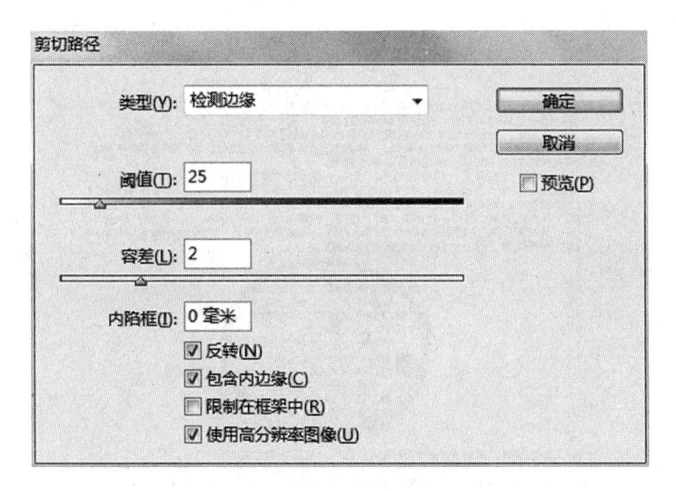

图 9-80　包含内边缘

②在“沿对象形状绕排”时，置入“png 格式”图像，或是操作者自主描绘出路径后，点击面板中“反转”，可形成如图 9-82 效果。“反转”通常与这种绕排方式连用，指对象路径的反转，合理利用更会收到意想不到的效果。

人间有味是清欢
——探寻张可久的元曲世界

张可久是元代散曲清丽派的代表作家，他的作品往往“表现了闲适散逸的情趣，同时吸收了诗词的声律、句法及辞藻到散曲中，形成一种清丽而不失自然的风格”。

在张可久的元曲创作中，我最为欣赏的是他的【黄钟】《人月圆·山中书事》：

兴亡千古繁华梦，诗眼倦天涯。孔林乔木，吴宫蔓草，楚庙寒鸦。数间茅舍，藏书万卷，投老村家。山中何事，送花酿酒，春水煎茶。

其中，尤以最后一句最为动人。山中何事，松花酿酒，春水煎茶。一组鼎足对所描绘出的图画，光是想象，已然让　人有快然恣意之感。于是乎最终，人还是要回到大自然的怀抱，　取自然之钟灵造化，品自然之春秋冬夏。于是以松花　做引，夜夜诗酒繁华；以春水为茶，日日品茗书　画。卸下　俗世，扫清尘埃，山里清净一生，还原一世　芳华。张可久长期为吏，　生活的艰深使他向往归隐。因此他的曲　中，常常描写的是归隐山林　时的所见之景，抒发的是归隐生活的　闲适舒心。

另一首【南　吕】《金字经·青霞洞赵肃斋索赋》　也同样出彩：

酒后诗情放，　水边归路差。何处青霞仙子家？沙，　翠苔横古槎。竹阴下，小鱼争柳　花。

于动静相生　中，挥洒出一派闲适的秀韵。张可久　通过对一些细节的描写，诸如青　苔、竹阴、小鱼、柳花，使所有的　事物形成一个流动的整体。在这　首元曲所呈现的画面中，流淌着　一种肆意的情韵，契合了开头“酒后　诗情放”的洒落不羁。前人赞　张可久“笔落龙蛇起，才展风云秀”，　看来所非虚言。

东坡有言：人间　有味是清欢。到　张可久这里，似是发挥到了极致。字字清　致，不落俗套；句句事景，又能流露丝丝情意。　往往说入世容易出世难，东坡先生疏狂一生也难免时　常感叹时运不济，张可久也未能免俗。但探究他的作品，却能　与一片纷杂中洞悉他内心的宁静安稳，于茫茫尘世中窥见他的练达超脱。即使是在写咏史叹世之作，依然可以从中寻到一些清欢的味道。比如【正宫】《汉东山》，妙用“碎整”之法，以“走不脱，那一埚，马嵬坡”作尾，清醒地点出李杨爱情悲剧的必然性，“愈碎愈整，愈断愈连”，跳出常人对这场盛大无双的感伤，反令人耳目一新。再比如【双调】《拨不断·会稽道中》：墓田鸦，故宫花，愁烟恨水丹青画，峻宇雕墙宰相家，夕阳芳草渔樵话，百年之下。一句“百年之下”，结得其味无穷，透着一丝清冷，引出一缕凝练苍古。

清欢，到底是一种怎样的生命姿态？明明红尘中会被诸多杂事困扰，又如何能做到“水落石出”般的明净？作为清丽派的代表人物，张可久在曲中所表达出的隐逸无疑表现出了他的一种清明，不仅反映在内容上，更体现在他写曲的手法和布局上。不过在我看来，张可久的“清欢”也不是完全的清欢。身处山野，亲近自然，人很容易就生出远离俗世、清净一生的念想，如此清欢也算不得是真正由心底而发。而所谓大隐隐于市，身处闹市还能保持清醒的姿态，如此清欢，才是真正品尝过世间百味后的明澈。

只是能真正达到这样一种高度，何其困难？

图 9-81　包含内边缘效果

人间有味是清欢
——探寻张可久的元曲世界

张可久是元代散曲清丽派的代表作家，他的作品往往“表现了闲适散逸的情趣，同时吸收了诗词的声律、句法及辞藻到散曲中，形成一种清丽而不失自然的风格”。

在张可久的元曲创作中，我最为欣赏的是他的【黄钟】《人月圆·山中书事》：

兴亡千古繁华梦，诗眼倦天涯。孔林乔木，吴宫蔓草，楚庙寒鸦。数间茅舍，藏书万卷，投老村家。山中何事，送花酿酒，春水煎茶。

其中，尤以最后一句最为动人。山中何事，松花酿酒，春水煎茶。一组鼎足对所描绘出的图画，光是想象，已然让人有快然恣意之感。于是乎最终，人还是要回到大自然的怀抱，取自然之钟灵造化，品自然之春秋冬夏。于是以松花做引，夜夜诗酒繁华；以春水为茶，日日品茗书画。卸下俗世，扫清尘埃，山里清净一生，还原一世芳华。张可久长期为吏，生活的艰深使他向往归隐。因此他的曲中，常常描写的是归隐山林时的所见之景，抒发的是归隐生活的闲适舒心。

前人赞张可久“笔落龙蛇起，才展风云秀”，看来所非虚言。

东坡有言：人间有味是清欢。到张可久这里，似是发挥到了极致。字字清致，不落俗套；句句事景，又能流露丝丝情意。往往说入世容易出世难，东坡先生疏狂一生也难免时常感叹时运不济，张可久也未能免俗。但探究他的作品，却能与一片纷杂中洞悉他内心的宁静安稳，于茫茫尘世中窥见他的练达超脱。即使是在写咏史叹世之作，依然可以从中寻到一些清欢的味道。比如【正宫】《汉东山》，妙用“碎整”之法，以“走不脱，那一埚，马嵬坡”作尾，清醒地点出李杨爱情悲剧的必然性，“愈碎愈整，愈断愈连”，跳出常人对这场盛大无双的感伤，反令人耳目一新。再比如【双调】《拨不断·会稽道中》：墓田鸦，故宫花，愁烟恨水丹青画，峻宇雕墙宰相家，夕阳芳草渔樵话，百年之下。一句“百年之下”，结得其味无穷，透着一丝清冷，引出一缕凝练苍古。

清欢，到底是一种怎样的生命姿态？明明红尘中会被诸多杂事困扰，又如何能做到“水落石出”般的明净？作为清丽派的代表人物，张可久在曲中所表达出的隐逸无疑表现出了他的一种清明，不仅反映在内容上，更体现在他写曲的手法和布局上。不过在我看来，张可久的“清欢”也不是完全的清欢。身处山野，亲近自然，人很容易就生出远离俗世、清净一生的念想，如此清欢也算不得是真正由心底而发。而所谓大隐隐于市，身处闹市还能保持清醒的姿态，如此清欢，才是真正品尝过世间百味后的明澈。

只是能真正达到这样一种高度，何其困难？

图 9-82　反转效果

习　题

一、单选题

1. 什么是“溢流文本”？ (　　)

   A. 图片的说明文字

   B. 文本框内的文本文字

   C. 超过文本框限制的文字

   D. 置入文本文字

2. 出现溢流文本后，如何继续排版剩下的文本文字？ (　　)

   ①调整文本框大小

   ②点击原文本框右下方图标，再单击页面自动生成文本框排入剩下内容

   ③手动新生成一个文本框，将剩余文字输入其中

   A. ①　　B. ①②　　C. ②③　　D. ①②③

3. 使用下列哪一个快捷键，可以生成正圆形文字块？ (　　)

   A. Shift　　B. Alt　　C. Ctrl　　D. Shift+Alt

4. 一般系统默认的多边形框架，具体是几边形？ (　　)

   A. 6　　B. 8　　C. 10　　D. 12

5. 下列哪一种文本绕排方式绕排对象的形状对文本排版没有任何影响？

   (　　)

   A. 沿界定框绕排　　B. 沿对象形状绕排

   C. 上下型绕排　　D. 下型绕排

二、操作题

1. 实现下列文字排列效果：

2. 在 InDesign CS6 中，为下面一段文字设置字符属性。

   张可久通过对一些细节的描写，诸如青苔、竹阴、小鱼、柳花，使所有的事物形成一个流动的整体。在这首元曲所呈现的画面中，流淌着一种肆意的情韵，契合了开头“酒后诗情放”的洒落不羁。前人赞张可久“笔落龙蛇起，才展风云秀”，看来所非虚言。

   字体：楷体

   字号：18

   字距：25

   行距：24 点

3. 在 InDesign 中，排版下列方程式。

   $X_1=3a+4b+7c^2$

   $X_2=a^2+5b^3+c$

   $X_3=2a+11b^2+6c^2$

参考答案

一、单选题

1. C　　2. D　　3. A　　4. A　　5. A

二、操作题

1. ①使用“钢笔工具”画一条平行路径。

   ②使用“路径文字工具”，单击①中路径，输入文字：

   　张可久是元代散

   ③重复步骤①和②，结合使用“路径文字工具”和“垂直路径文字工具”，完成整体文字效果。

2. ①选中整体文字，在“Adobe 宋体 Std”下选择“楷体”调整字体。

   ②选中文字，在“12点”下选择“18 点”调整字号。

   ③选中文字，在“0”下输入“25”调整字距。

   ④选中文字，在“(14.4”下输入“24”调整行距。

3. 排版“$X_1= 3a + 4b +7c^2$”。

   ①原文本为：

   　X1=3a+4b+7c2

   ②选中数字“1”，点击“下标 T_1”；选中数字“2”，点击“上标 T^1”。

第10章 制作表格

10.1 设置表格的格式

【实验目的与要求】

(1)学会使用 InDesign 生成表格。

(2)熟练掌握添加和删除行。

(3)掌握为表格修改边框和填色等基础操作。

【背景知识】

(1)在 InDesign 中，操作者可以通过三种方式生成表格

①创建表格。

②导入在 Word、Excel 等其他应用程序中创建的表格。

③将文本转换为表格。

(2)InDesign 中的表格由一个一个的单元格排列组合而成，表格的描边指表格的外边框，单元格描边指表格内部分割单元格的线条。

(3)可以通过给表格添加边框或给单元格填色等方式更改表格的外形。

【实验步骤】

10.1.1 生成表格

下面介绍 InDesign 中三种生成表格的方式。

(1)创建表格

①点击左侧工具栏中“T”文字工具，在视图中按住鼠标拖曳出一个文本框。

②点击屏幕上侧的“表”选项，选择“插入表”，打开对话框，如图 10-1 所示。

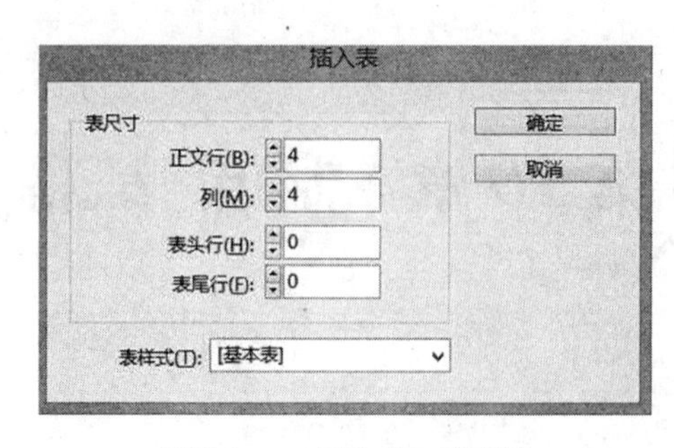

图 10-1　“插入表”对话框

③在“插入表”对话框中设置表格和表头的行数、列数，点击“表样式”的下拉按钮，选择需要的样式。

④点击“确定”，创建表格完毕，得到表格。

(2)导入表格

①点击左侧工具栏中“T”文字工具，按住鼠标拖曳出一个空文本框。

②选择屏幕上侧菜单“文件”，点击“置入”，如图 10-2 所示。

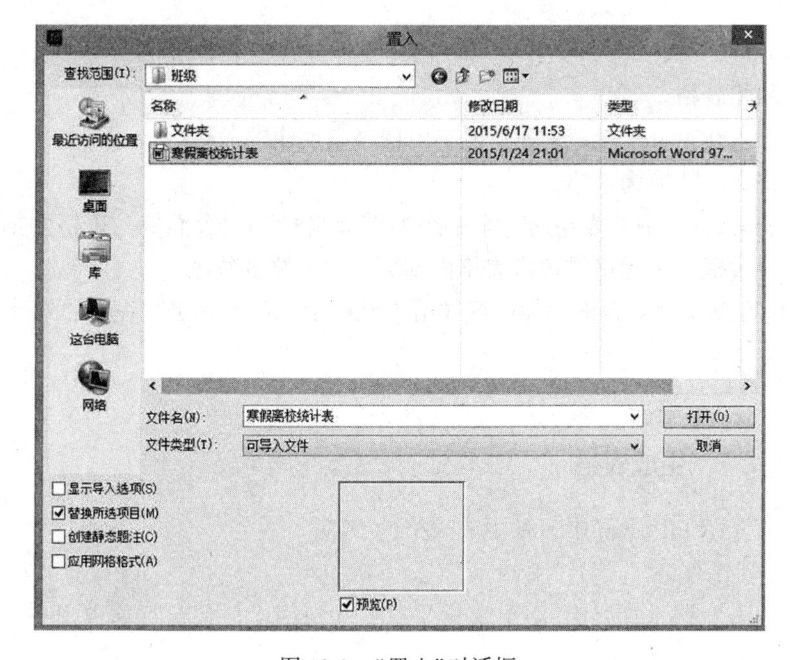

图 10-2　“置入”对话框

③选择要置入的表格文件，同时取消勾选左下角“应用网格格式”选项。

④点击“打开”，鼠标指针上附带的文字即为表格内容。双击文本框，得到表格。

(3)将文本转换为表格

①点击左侧工具栏中“T”文字工具，选中需要转换为表格的文本。

②选择屏幕上侧“表”，点击“将文件转换为表”，得到对话框，如图 10-3 所示。

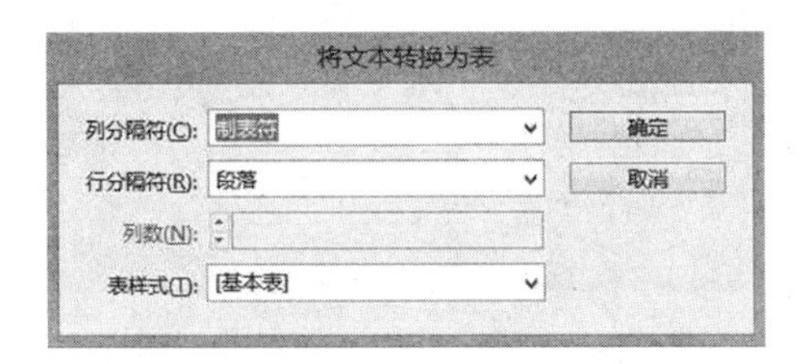

图 10-3 “将文本转换为表”对话框

③点击“确定”，得到表格。

10.1.2 添加和删除行

可以通过添加或删除行、列的功能对表格的行数和列数进行调整。

(1)添加行

①点击左侧工具栏中“T”文字工具，选中表格的第一行。

②选择屏幕上侧的“表”，点击“插入”，选择“行”。

③选择屏幕上侧的“文件”，点击“存储”，保存对表格所做的修改。

(2)删除行

①点击左侧工具栏中“T”文字工具，选中表格的第一行。

②选择屏幕上侧的“表”，点击“删除”，选择“行”。

③选择屏幕上侧的“文件”，点击“存储”，保存对表格所做的修改。

10.1.3 添加边框和填色

①点击左侧工具栏中“T”文字工具，单击表格内部，选择屏幕上侧的“表”，单击“选择”，再单击“表”，选中整个表格。

②选择屏幕上侧“表”，单击“表选项”，选择“表设置”，打开“表设置”对话框，如图 10-4 所示。

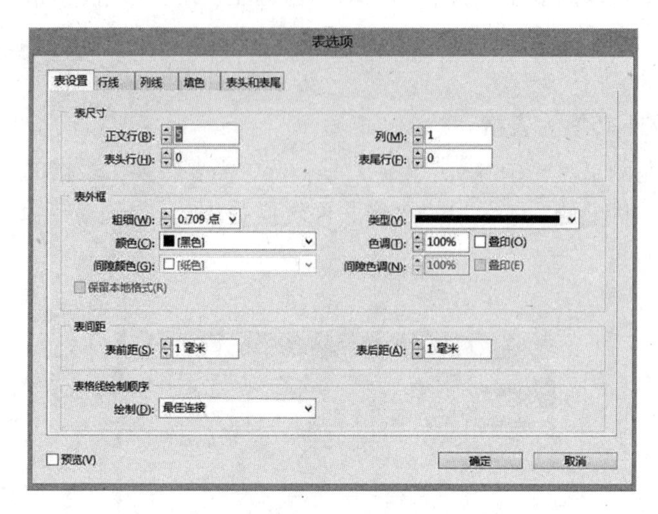

图 10-4 “表设置”对话框

③点击“颜色”的下拉按钮，更改表格外边框的颜色。可在“粗细”、“类型”等选项中对表格外表框的线条粗细和样式进行设置。

④点击“填色”，在“交替模式”中选择需要填色的行，在“颜色”中选择需要填充的颜色，在“跳过前”中选择从第几行开始填色，如图 10-5 所示。

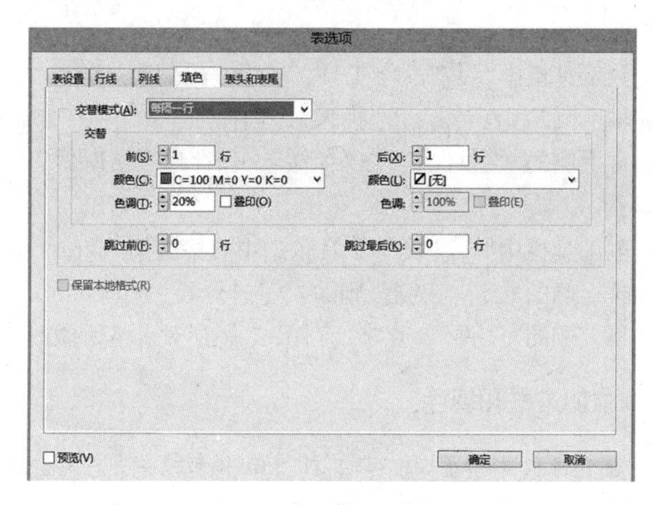

图 10-5 “填色”对话框

10.2　将图片添加至单元格中

【实验目的】

掌握将图片置入单元格中的操作。

【背景知识】

在使用 InDesign 制作表格的过程中，可以在单元格中插入图片，使得文本和图像相结合，使表格更加生动且富有趣味性。在实际操作之前，可以先调整缩放比例，使表格中的文本看得更清晰。

【实验步骤】

①点击左侧工具栏中"T"文字工具，按住鼠标拖曳出一个文本框。

②选择屏幕上侧菜单中的"文件"，点击"置入"，将需要置入表格中的插图置入文本框中。

③右键点击图片，选择"适合"，再点击"按比例填充框架"，使图片尺寸适合框架。

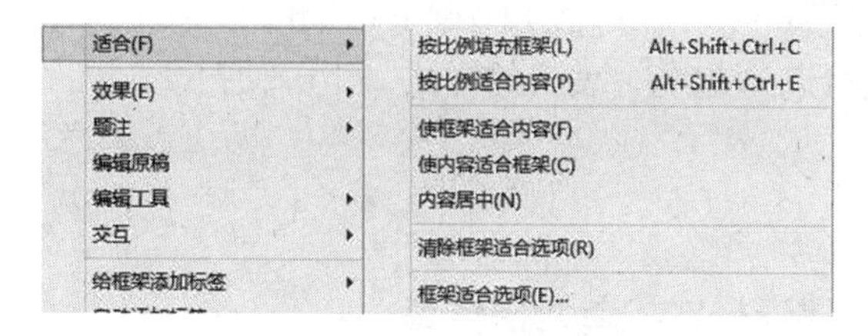

图 10-6　调整图片大小

④选择屏幕上侧菜单中的"编辑"，点击"复制"，切换至"T"文字工具，在需要插入图片的文字后面单击，再选择"编辑"，点击"粘贴"，成功插入图片，如图 10-7 所示。

【小窍门】

如果图片清晰度不高，可以右键单击图片，点击"显示性能"，选择"高品

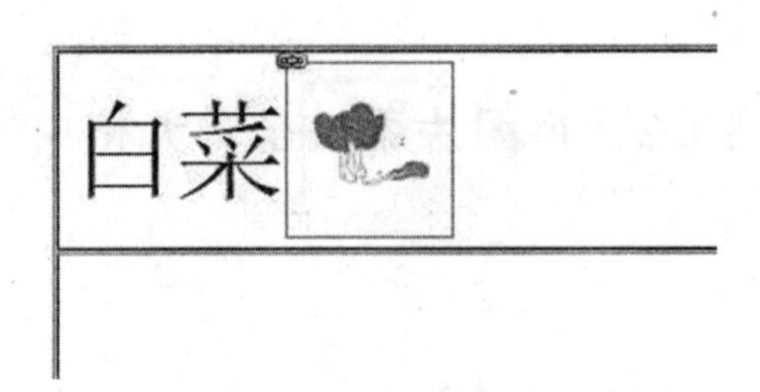

图 10-7　将图片插入单元格中

质显示”，可以使图片显示得更加清晰。

10.3　创建并应用表样式和单元格样式

【实验目的】

熟练掌握创建表样式和单元格样式的操作，并能够应用这些样式对表格进行修改。

【背景知识】

为了提高工作效率，可以首先创建表样式和单元格样式，然后应用在需要修改的表格，就可以迅速统一表格的样式，十分便捷。

【实验步骤】

10.3.1　创建表样式和单元格样式

①点击左侧工具栏中“T”文字工具，单击表格内部。

②选择屏幕上侧“窗口”，单击“样式”，选择“表样式”。

③选择“新建表样式”，如图 10-8 所示。

④在“表样式选项”对话框中，可以对表样式的名称、外框、填色等进行设置，如图 10-9 所示。

⑤可采用同样的方法设置单元格样式。

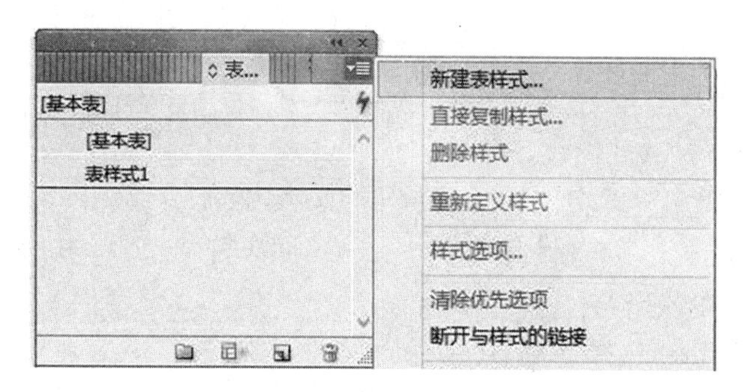

图 10-8　新建表样式

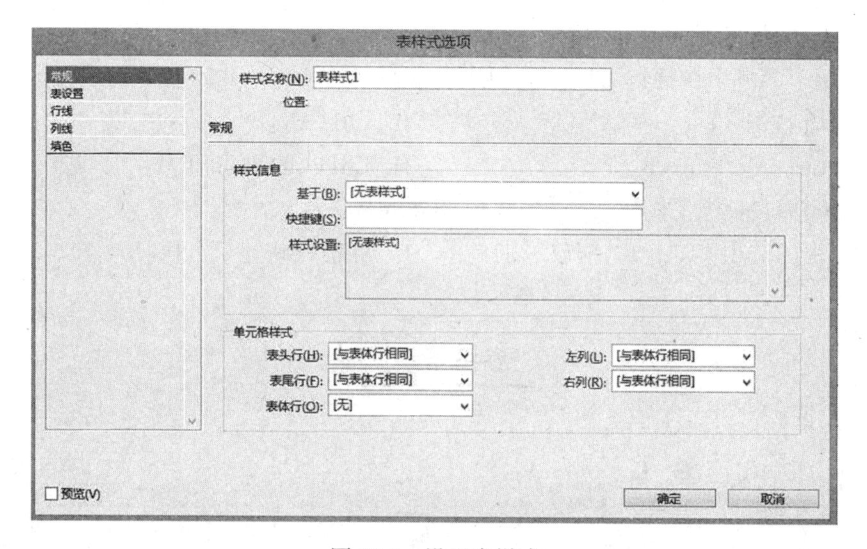

图 10-9　设置表样式

10.3.2　应用表样式和单元格样式

①点击左侧工具栏中“T”文字工具，单击表格内部。

②选择屏幕上侧“窗口”，单击“样式”，选择“表样式”。

③选中需要应用单元格样式的行。

④选择屏幕上侧“窗口”，单击“样式”，选择“单元格样式”。

⑤存储文件，保存对表格所做的修改。

习 题

一、单选题

1. 一般采用________来分隔同行不同列的文本内容。

   A. 换行符　　B. 制表符　　C. 回车符　　D. 空格符

2. 怎样选择整个表格？________

   A. 菜单“表”→“选择”→“表”

   B. 左侧工具栏“选择工具”→单击表格

   C. 直接双击表格

   D. 直接单击表格

3. 使用下面哪个快捷键可以快速创建表格？________

   A. Ctrl+Alt+T　　B. Ctrl+Alt+B

   C. Ctrl+Alt+Shift+B　　D. Ctrl+Alt+Shift+T

4. 在 InDesign 中，采用________可以调整屏幕显示大小？

   A. 视图选项　　B. 缩放级别　　C. 屏幕模式　　D. Br

参考答案

一、选择题

1. B　2. A　3. D　4. A

二、简答题

1. 在 InDesign 中，有三种生成表格的方式：

   ①利用工具栏中的“表”选项，点击“插入表”创建表格。

   ②利用工具栏中的“文件”选项，从 Word 或 Excel 中导入表格。

   ③利用工具栏中的“表”选项，将文本转换为表格。

2. ①点击左侧工具栏中文字工具，单击表格内部。

   ②选择屏幕上侧“窗口”，单击“样式”，选择“单元格样式”。

   ③点击“新建单元格样式”。

   ④在“新建单元格样式”对话框中，可以对单元格样式的名称、描边、填色、对角线等进行设置。

第 11 章　长内容的设置与管理

11.1　创建长内容实验

【实验目的与要求】

(1)了解长内容的定义，并能在实际工作中区分短内容与长内容。

(2)熟悉创建长内容的操作。

(3)学会熟练管理 InDesign 长内容，具备基本的管理长内容能力。

【背景知识】

(1)在 InDesign 排版中，如果一个出版物的页数较少，在 100 页以下，创建一个 InDesign 文档就可以完成所有的排版工作，则一般称这样的文档为“短内容(短文档)”；若是一个出版物页数较多，超过 100 页，一个 InDesign 文档可能无法有效管理所有排版工作，则创建本章介绍的“长内容(长文档)”。

(2)在 InDesign 中引入“长内容”这个概念是很有必要的。首先，如果将所有的内容放在一个文档中操作，页数过多，会大大影响工作效率。其次，这种状况下，一旦操作系统出现问题，可能会影响到整个文件的安全性。而引入“长内容”后，排版工作者可以将所有内容分成几个部分，分配给独立的设计师进行操作，也不必过于担心如电脑死机等问题，因为受影响的将是一小部分文档，还能够及时补救。

(3)在 InDesign 中，长内容通常指“书籍”，这是一个可以共享样式、色板、主页及其他项目的文档集。

【实验步骤】

11.1.1　创建长内容

(1)创建书籍文件

①打开 InDesign CS6，在菜单栏中选择“文件”→“新建”→“书籍”，如图 11-1 所示。

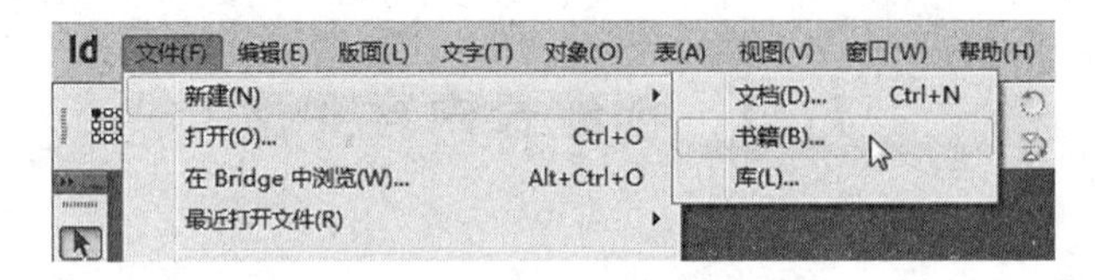

图 11-1　新建书籍

②点击“书籍”后，为书籍设置一个名称，在指定位置保存，注意到此时生成的书籍文件，文件扩展名为“. indb”。如图 11-2 所示。

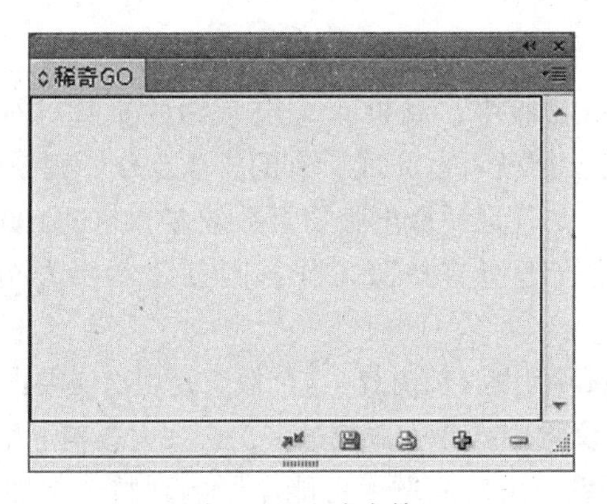

图 11-2　生成书籍

(2)为书籍添加文档

①在“书籍”面板选择“添加文档”，如图 11-3 所示。

②选择要添加的 InDesign 文档，单击“打开”，如图 11-4 所示。

③在“书籍”面板中，可将文档单击拖住，根据具体需求上下移动顺序。此时需要选中目标文档，即文档名称前有标识。

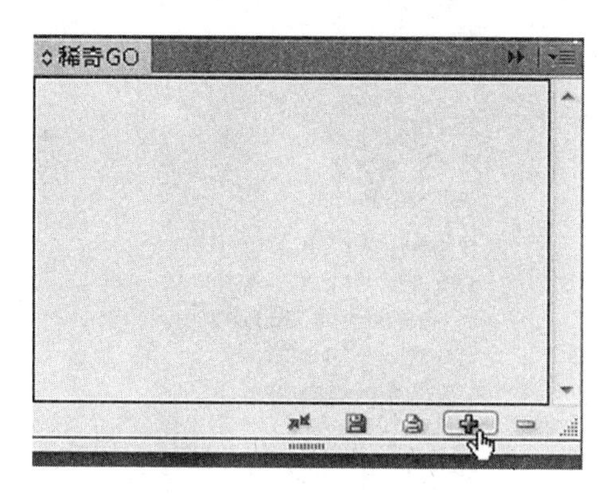

图 11-3　添加文档按钮

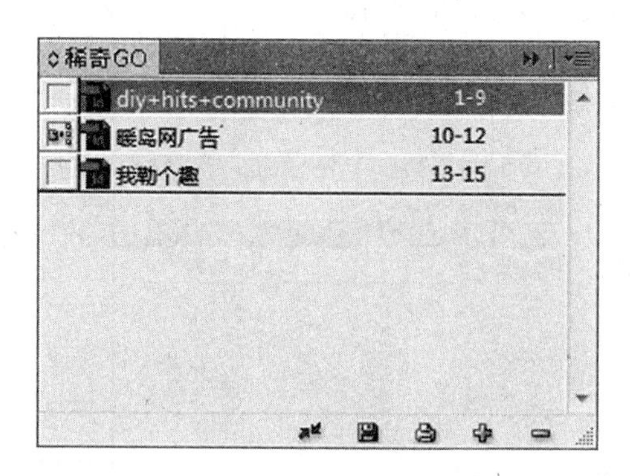

图 11-4　添加文档

11.1.2　管理长内容

(1)存储书籍

书籍的存储与文档存储并非一个概念，单个文档的改变并不影响整体书籍的内容。

①直接存储书籍，可点击面板下方“”，也可以单击面板右侧“”按钮，在下拉菜单中选择“存储书籍”。

②若是想重命名书籍，则可以在下拉菜单中选择“将书籍存储为”，如图11-5所示。为书籍重命名后，单击“保存”即可生成新的书籍文档。

(2)移去书籍中文档

①选中“书籍”面板中的一个文档。

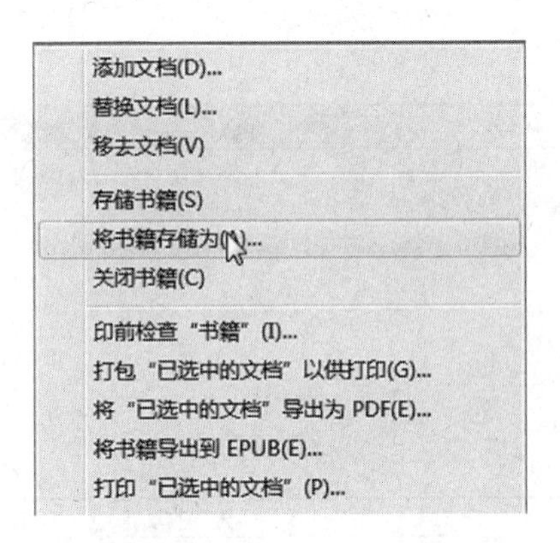

图 11-5　"将书籍存储为"

②单击面板下方"移去文档"按钮，如图 11-6 所示。也可在下拉菜单中选择"移去文档"。

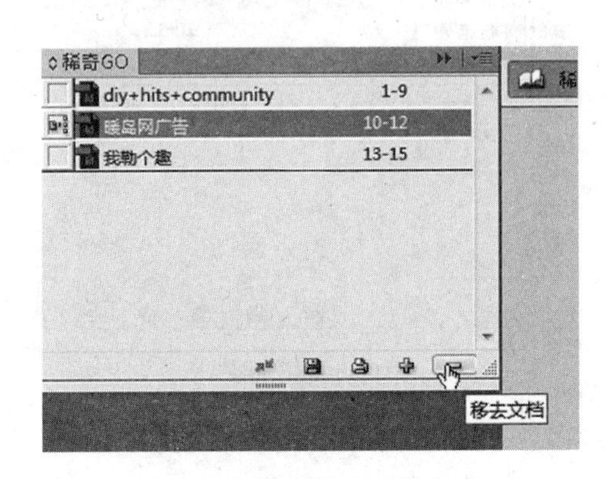

图 11-6　移去文档

③需要注意的是，移去此处的文档不代表删除了计算机中已在指定位置存储的文档。

(3)替换文档

①选中"书籍"面板中的一个文档。

②在"书籍"面板下拉菜单中选择"替换文档"，找到要替换的文档，单击"打开"，如图 11-7 所示。

(4)关闭书籍

①要关闭书籍，可右键单击面板栏的书籍，在弹出的菜单中选择"关闭"，如图 11-8 所示。

图 11-7　替换文档

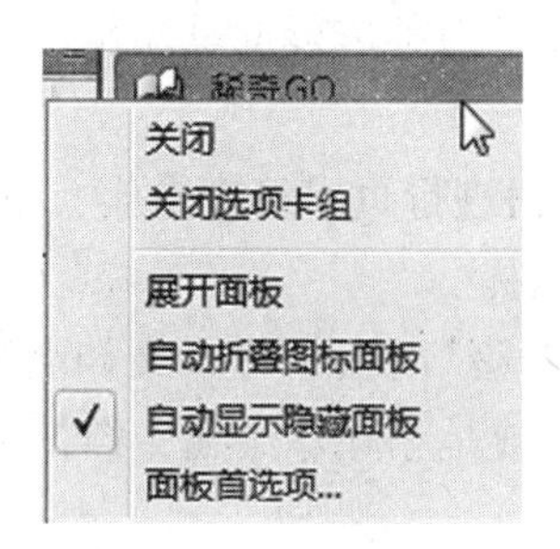

图 11-8　关闭书籍

②另一种方法，则是在“书籍”面板下拉菜单中选择“关闭书籍”，如图11-9所示。

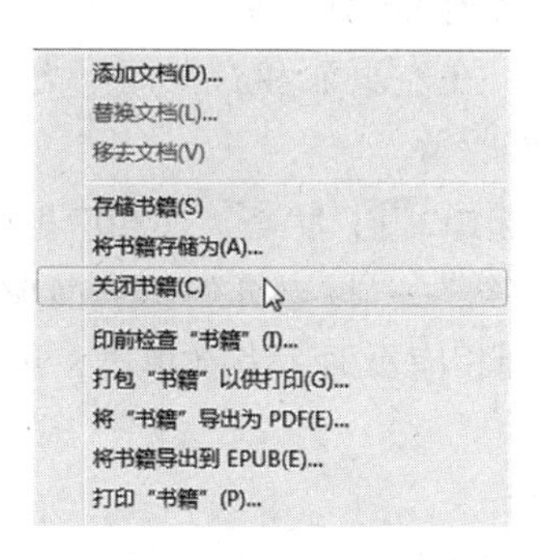

图 11-9　关闭书籍

11.2　长内容中的页码编排实验

【实验目的与要求】

(1)掌握对基本页面进行页码编排的方式。

(2)熟练应用在长内容中的不同页码编排格式。

(3)能在实际排版工作中，对长内容/长文档进行基本的页码编排操作。

【背景知识】

(1)在 InDesign 中，有一个“主页”概念。主页的作用是放置一些每页重复的内容，如页眉、页脚和页码等。这个概念的引进，大大减少了重复操作的工作量，可以在短时间内对文本内容进行批量操作。对主页进行操作，可以选择打开“页面”面板。

(2)在 InDesign 中对书籍进行页码编排操作，主要在“书籍”面板下拉菜单中“页码和章节选项”框中选择。

(3)页面范围显示在“书籍”面板中每个文档名称的右方。在默认情况下，若对文档的顺序进行更换，或是删除、添加文档，在 InDesign 中会对页面范围自动更新。

【实验步骤】

11.2.1　为主页添加页码

①打开“页面”面板，如图 11-10 所示。

②选择“A-主页页面”，在左页面和右页面下方分别建立一个文本框，设计好页码模式，如图 11-11 所示。

③在“A-主页页面”，选择“T”状态，在相应的位置置入插入点，选择菜单栏“文字”→“插入特殊字符”→“标志符”→“当前页码”，如图 11-12 所示。

④在页面面板中，选择相应页面，右键单击，选择“将主页应用于页面”，如图 11-13 所示。

⑤效果如图 11-14 所示。

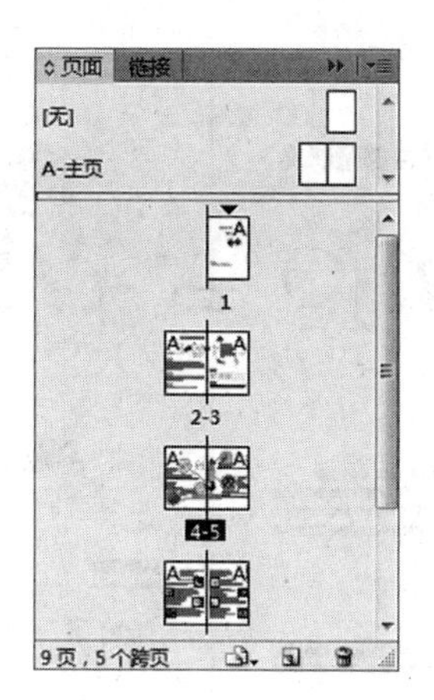

图 11-10　页面面板

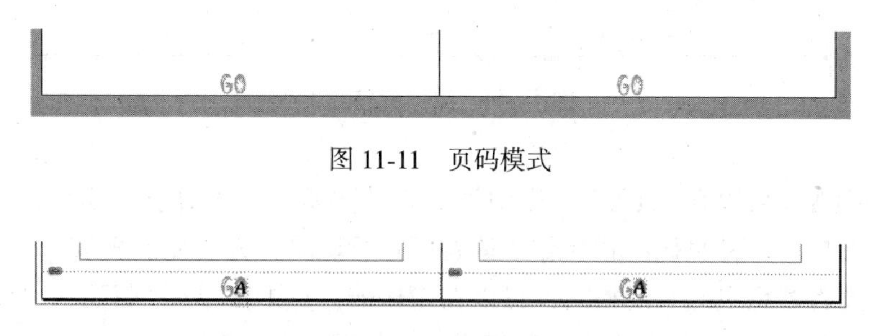

图 11-11　页码模式

图 11-12　插入页码

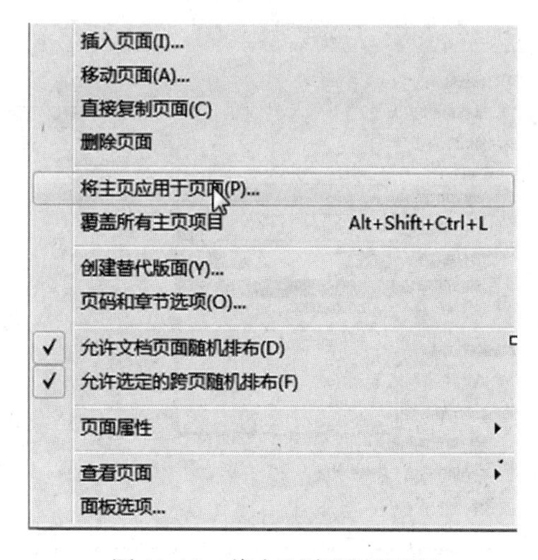

图 11-13　将主页应用于页面

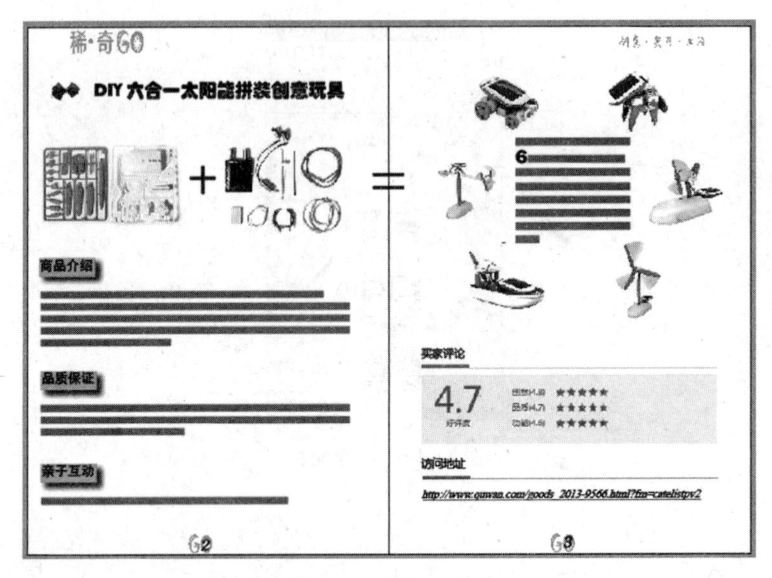

图 11-14　编排页码效果

⑥读者还可以在“页面”面板中添加新的主页，并设计新的页码格式，以实现对文档的多种页码编排操作。读者可自行试验，方法如上所示。

⑦读者若想更改页码格式，可以在操作前，点击菜单栏“版面”→“页码和章节选项”，在弹出的文本框中进行操作，如图 11-15 所示。

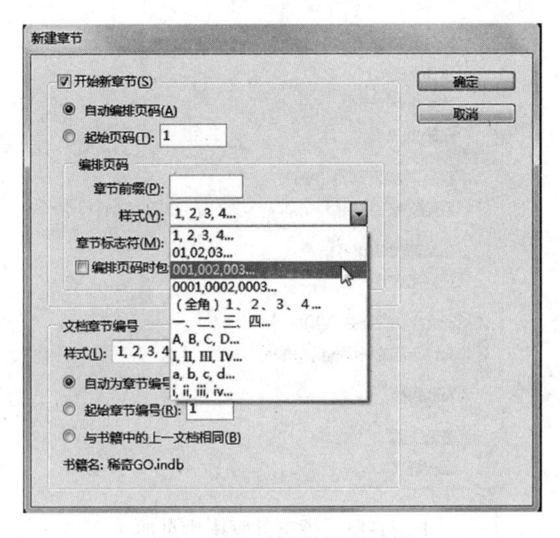

图 11-15　设置页码格式

11.2.2 书籍中的页码编排

(1)更改书籍中文档的页码

①选择“书籍”面板中的文档。

②双击文档的页码，或是点击下拉菜单中“文档编号选项”，弹出文本框如图 11-16 所示。

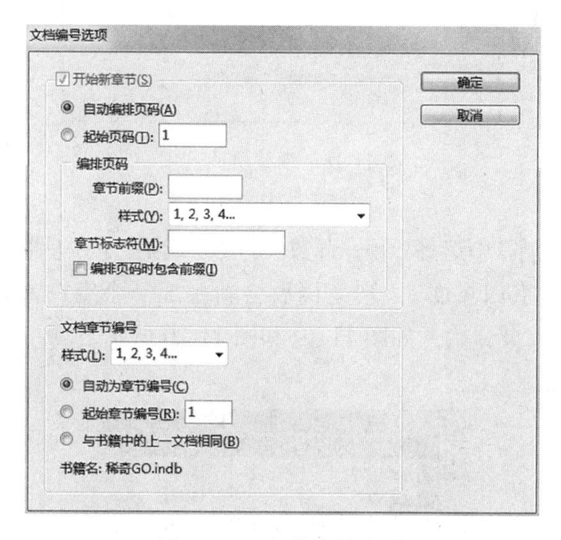

图 11-16 文档编号选项

③将“起始页码”参数改为“3”，将样式改为“Ⅰ，Ⅱ，Ⅲ，…”点击确定，效果对比如图 11-17 所示。

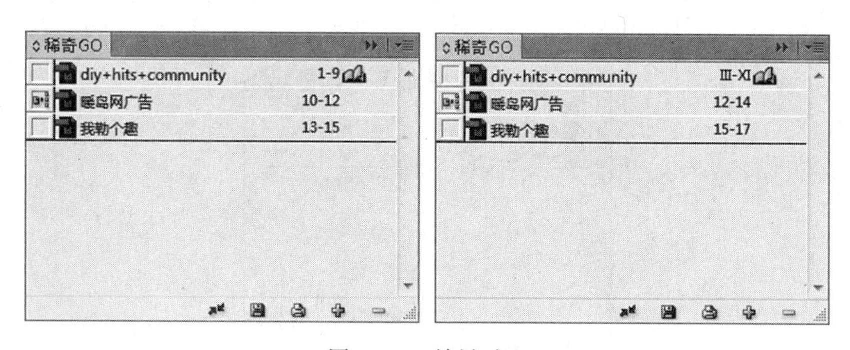

图 11-17 效果对比

(2)设置按奇数页或偶数页开始编号

①选择“页面”面板下拉菜单“书籍页码选项”，弹出文本框如图 11-18 所示。

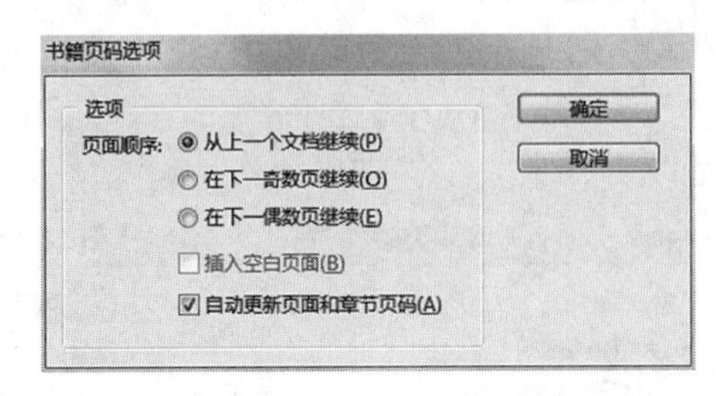

图 11-18　书籍页码选项

②在“页面顺序”中选择“下一奇数页继续”或是“下一偶数页继续”。

③点击“插入空白页面”，则文档后会新生成一个空白文档，此文档必须从奇数页或是偶数页开始，如图 11-19 和图 11-20 所示。

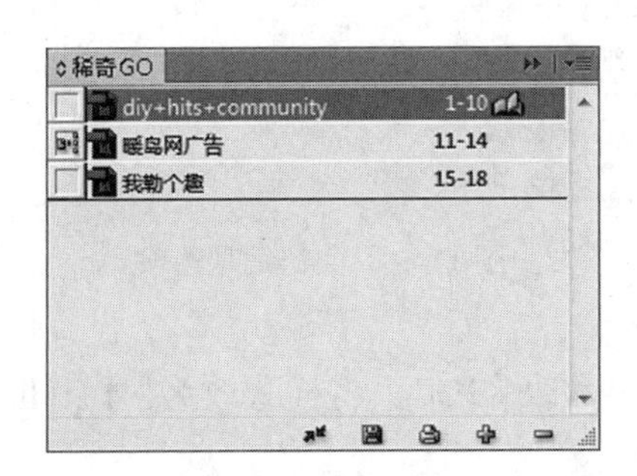

图 11-19　奇数页

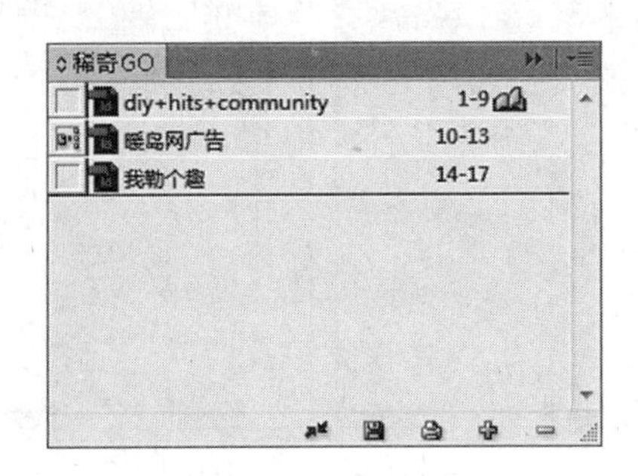

图 11-20　偶数页

(3)关闭自动更新页码

①选择“页面”面板下拉菜单“书籍页码选项”。

②点击取消“自动更新页面和章节页码”，如图 11-21 所示。

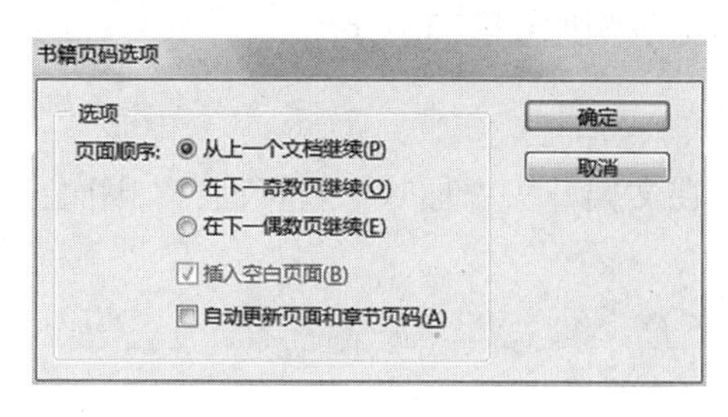

图 11-21 取消自动更新

③若要手动更新，则可以选择面板菜单中“更新编号”→“更新页面和章节页码”。

11.3 创建与编排目录实验

【实验目的与要求】

(1)熟悉目录的制作要求和规范。

(2)能根据具体排版要求调整目录的样式。

(3)掌握编辑目录和更新目录的操作方法。

【背景知识】

(1)目录在整个出版物内容中起到向导的作用，通过罗列的形式，能够对整体内容做一个概括性质的总述，有助于读者快速找到所需要阅读的信息。排版工作者还可以在目录中插入一些辅助信息，如插图列表、广告商等。一个文档可以包含多个目录。

(2)在 InDesign 中编辑目录前，要首先确定包含了所有目标段落，并为段落设置好段落样式，确保其可以应用于单篇文档或含多篇文档的长内容中的所有段落。

(3)制表符(也叫制表位)的功能是在不使用表格的情况下在垂直方向按列

对齐文本。比较常见的应用包括名单、简单列表等。

【实验步骤】

11.3.1　为单篇文档创建基本目录

(1)添加页面

打开目标文档，在文档开头添加一个新页面，如图 11-22 所示。

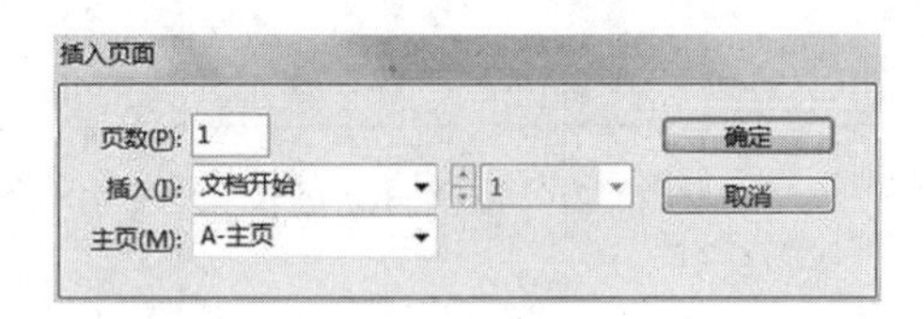

图 11-22　插入新页面

(2)为相应的文档内容添加段落格式

①选中文档中的标题。

②点击菜单栏“文字”→“段落样式”，打开“段落样式”面板，如图 11-23 所示。

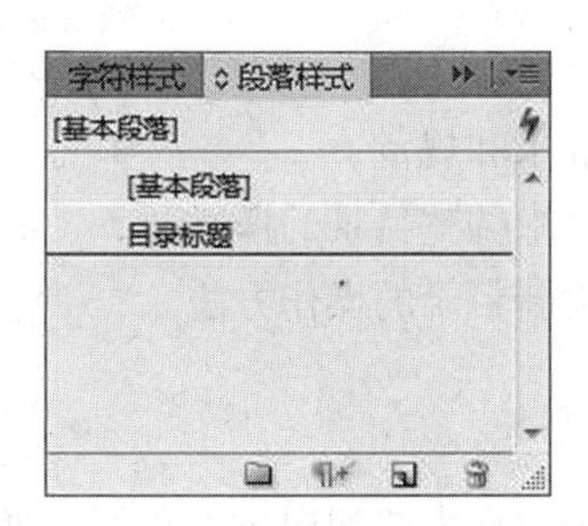

图 11-23　段落样式

③为选中的标题选择面板中“目录标题”，效果如图 11-24 所示。

④为文档中所有标题应用“目录标题”段落样式。

(3)在“ ”状态下，选中新建的页面，点击菜单栏“版面”→“目录”，打开对话框如图 11-25 所示。

(4)在该对话框中，将标题设置为“目录”，打开“样式”下拉菜单，选择

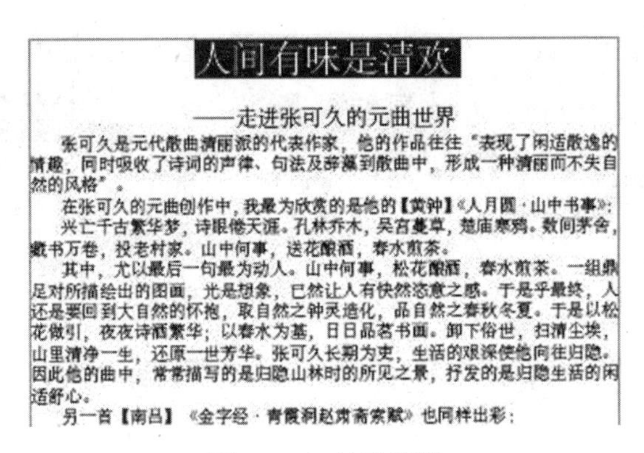

人间有味是清欢

——走进张可久的元曲世界

张可久是元代散曲清丽派的代表作家，他的作品往往“表现了闲适散逸的情趣，同时吸收了诗词的声律、句法及辞藻到散曲中，形成一种清丽而不失自然的风格”。

在张可久的元曲创作中，我最为欣赏的是他的【黄钟】《人月圆·山中书事》：

兴亡千古繁华梦，诗眼倦天涯。孔林乔木，吴宫蔓草，楚庙寒鸦。数间茅舍，藏书万卷，投老村家。山中何事，送花酿酒，春水煎茶。

其中，尤以最后一句最为动人。山中何事，松花酿酒，春水煎茶。一组鼎足对所描绘出的图画，光是想象，已然让人有快然恣意之感。于是乎最终，人还是要回到大自然的怀抱，取自然之钟灵造化，品自然之春秋冬夏。于是以松花做引，夜夜诗酒繁华；以春水为基，日日品茗书画。卸下俗世，扫清尘埃，山里清净一生，还原一世芳华。张可久长期为吏，生活的艰深使他向往归隐。因此他的曲中，常常描写的是归隐山林时的所见之景，抒发的是归隐生活的闲适舒心。

另一首【南吕】《金字经·青霞洞赵肃斋索赋》也同样出彩：

图 11-24　目录标题

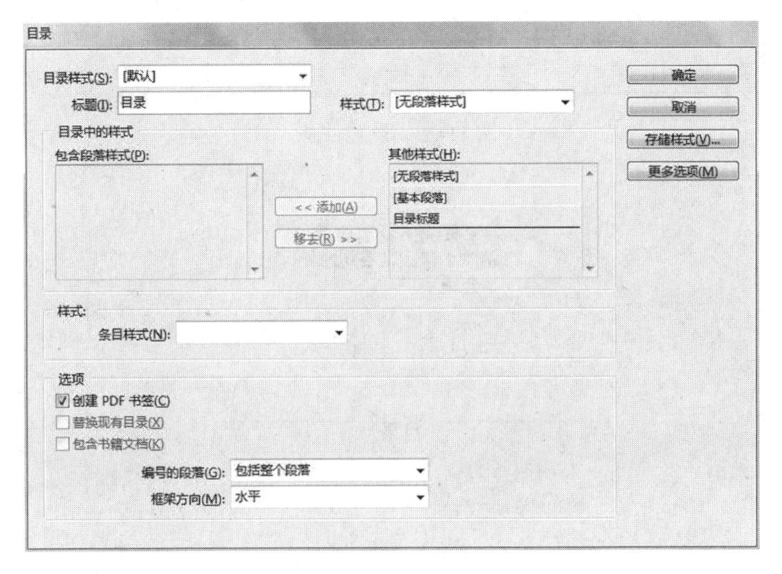

图 11-25　目录

“目录标题”。

(5)在“其他样式”列表下，选择“目录标题”，将其添加进左侧“包含段落样式”文本框中，单击“确定”。效果如图 11-26 所示。

(6)此时页面鼠标如图 11-27 所示。

(7)在新建页面单击鼠标左键，生成目录，调整目录位置，效果如图11-28 所示。

(8)如果想对目录中的文本和页码做进一步的调整和修改，可以单击图

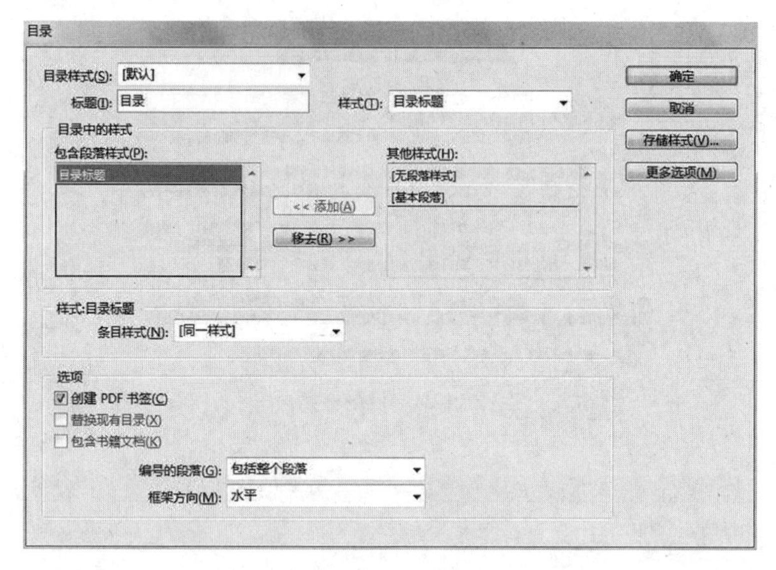

图 11-26　设置目录

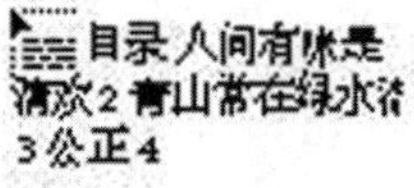

目录人间有味是清欢2青山常在绿水流3公正4

图 11-27　鼠标样式

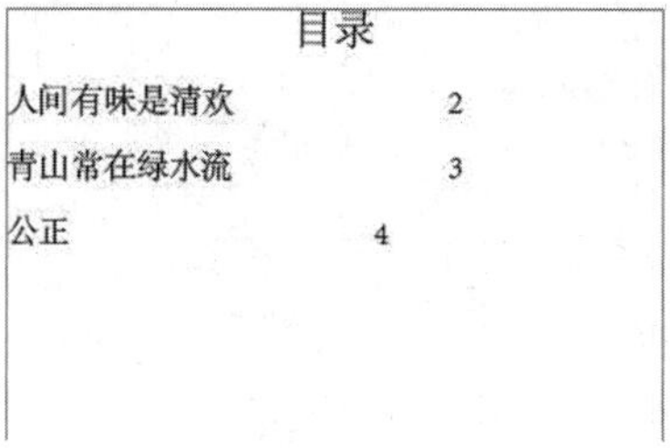

目录

人间有味是清欢　2

青山常在绿水流　3

公正　4

图 11-28　生成目录

11-25 目录对话框右侧的“更多选项”按钮，效果如图 11-29 所示。

在“样式：目录标题”中，读者可以对目录中文本和页码的格式进行更加个性化的操作。

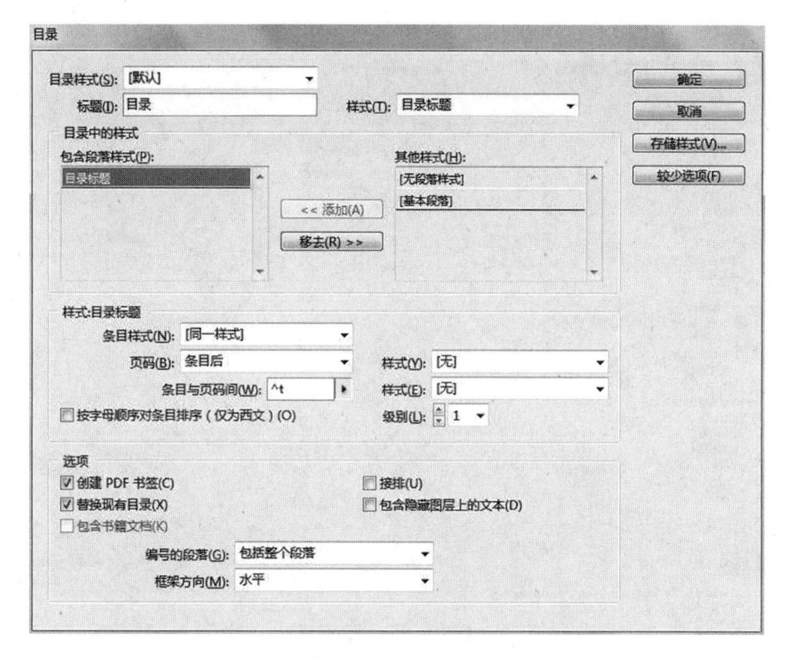

图 11-29　更多选项

11.3.2　创建目录样式

有时候，出于特定的排版需要，Indesign 中默认的目录格式无法满足排版需求。此时，操作者可以自主创建新的目录样式。这里，编者将为大家介绍实现目录中三级标题的排版形式。

①打开“段落样式”面板，依次设置三级标题段落样式，如图 11-30 所示。

②为文档中所有相应的段落依次应用新建好的“三级标题段落样式”。

③在目标文档前新建一个页面，在该页面状态下，选择菜单栏“版面”→“目录样式”，在弹出的对话框中，单击“新建”。

④在弹出的文本框中，将“其他样式”中的三级标题依次添加至左侧“包含段落样式”中，并为各级标题设置样式和级别，如图 11-31 所示。单击“确定”。

⑤在新建页面下，选择菜单栏“版面”→“目录”，插入目录到该页面中，如图 11-32 所示。

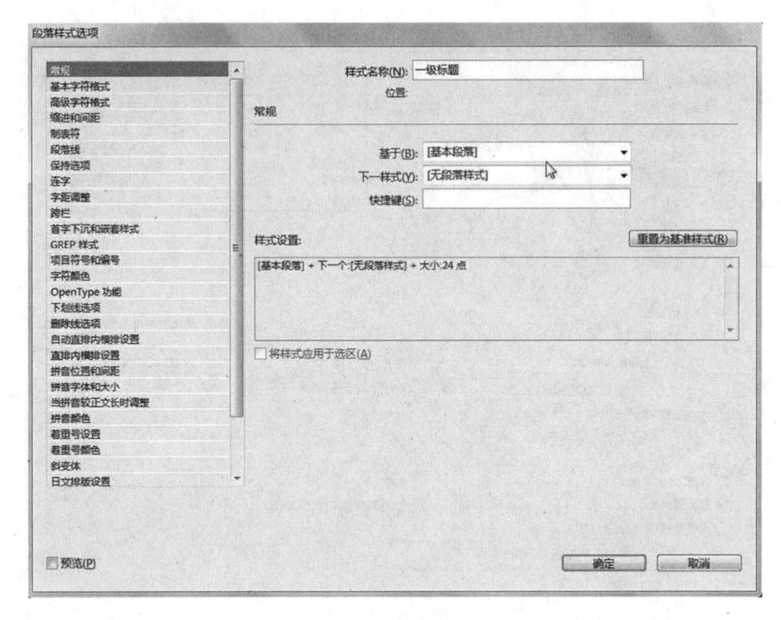

图 11-30　新建段落样式

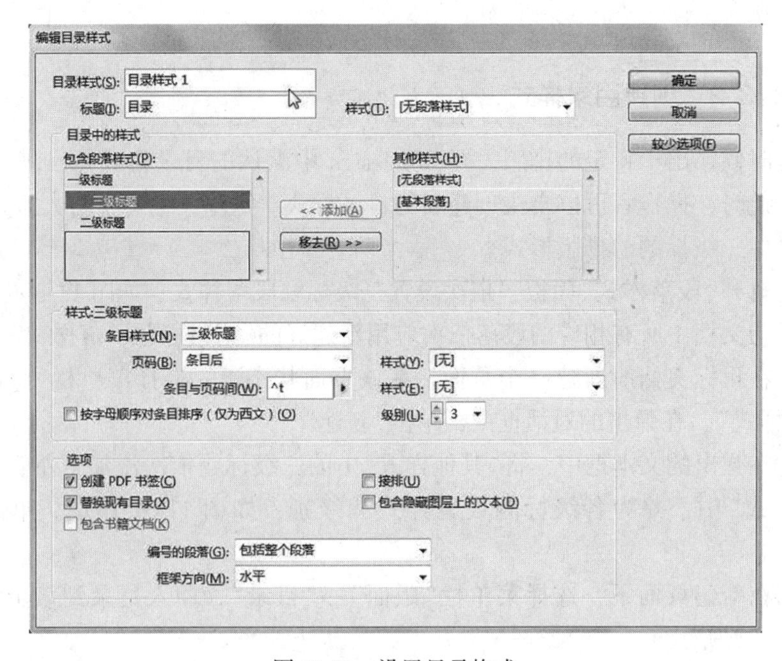

图 11-31　设置目录格式

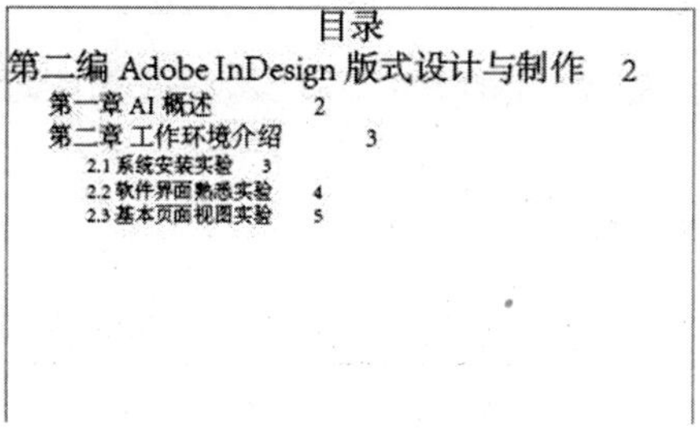

目录
第二编 Adobe InDesign 版式设计与制作　2
第一章 AI 概述　2
第二章 工作环境介绍　3
2.1 系统安装实验　3
2.2 软件界面熟悉实验　4
2.3 基本页面视图实验　5

图 11-32　三级标题

11.3.3　创建具有制表符前导符的目录条目

①重新编辑上文中“三级标题目录”格式，以其中的二级标题为例。打开“段落样式”面板，双击面板中“二级标题”。

②在左侧列表中单击“制表符”选项，如图 11-33 所示。

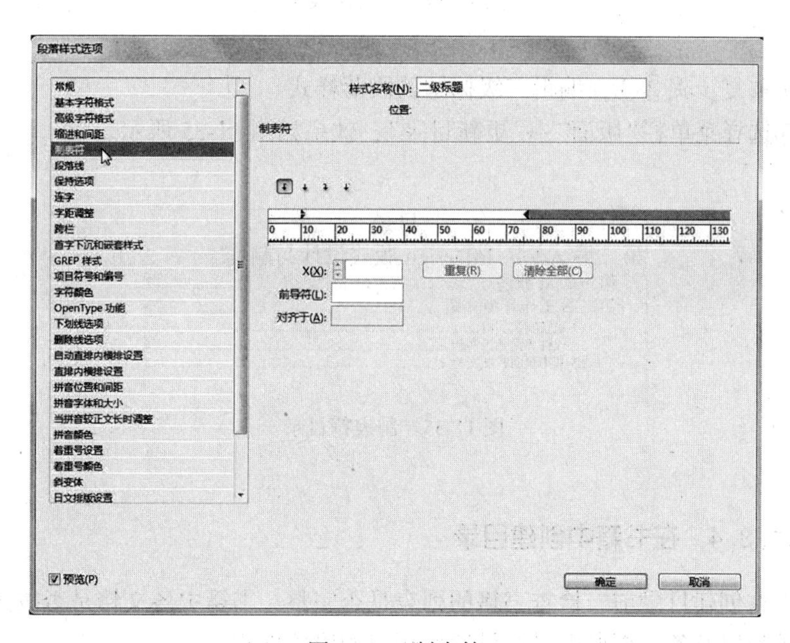

图 11-33　制表符

③选择右对齐制表符“”，单击横轴右边阴影处任一点，在“前导符”框

中键入“.”，并选择“重复”，如图 11-34 所示。

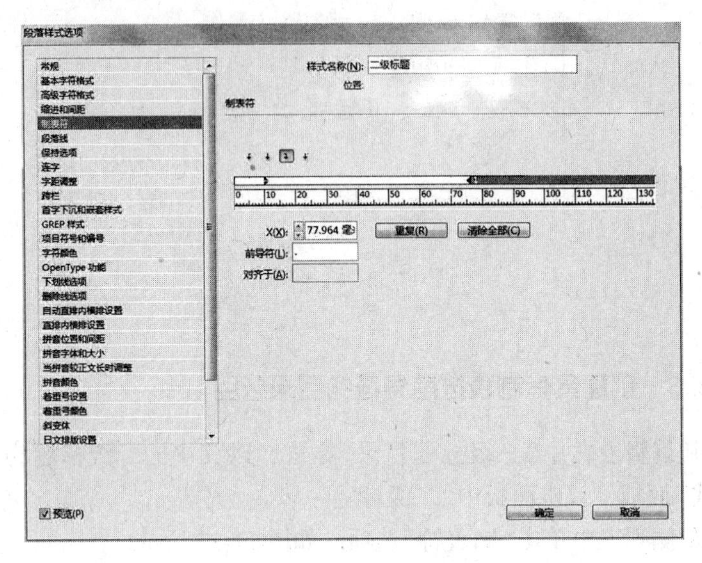

图 11-34　设置制表符

④重复步骤②③，编辑三级标题的段落样式。

⑤选择菜单栏“版面”→“更新目录”，效果如图 11-35 所示。

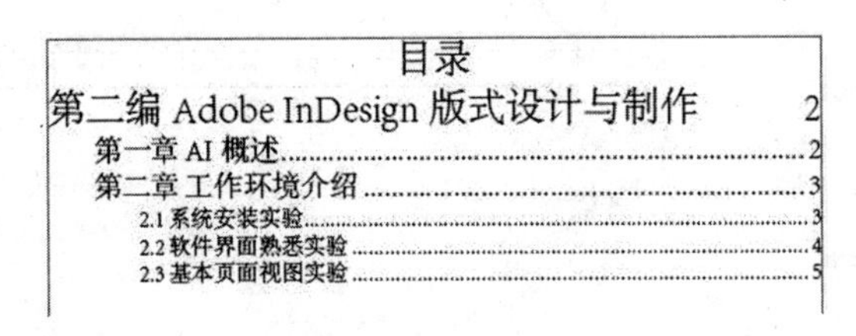
目录

第二编 Adobe InDesign 版式设计与制作　2

第一章 AI 概述……2

第二章 工作环境介绍……3

2.1 系统安装实验……3

2.2 软件界面熟悉实验……4

2.3 基本页面视图实验……5

图 11-35　制表符目录

11.3.4　在书籍中创建目录

①在创建目录前，检查书籍的列表是否完整、书籍中各文档是否按正确的顺序排列以及各文档段落是否设置好相应的段落样式。

②在书籍内所有文档前新建一个页面文档。

③在新建文档下，单击菜单栏“版面”→“目录”，设置目录格式，并勾选文本框中“包含书籍文档”，单击“确定”。

④调整页面中的目录格式。

11.4　长内容文件的打包与导出

【实验目的与要求】

(1)熟悉长内容文件的打包操作，明确将这类文件进行打包的意义。

(2)熟练掌握将长内容文件以多种文件形式导出的方法。

(3)总结 InDesign 排版的流程和方法。

【背景知识】

(1)InDesign 中的“打包”功能，有利于排版工作者整理分散在电脑各处的链接、图像和字体等辅助资料，提高日后查找这些资料的工作效率。同时，打包功能还能帮助检测文件中可能出现的错误，避免排版工作者在文件导出后还要进行返工等一系列麻烦的工作。

(2)常见的 InDesign 文件导出格式有如下几种：

①Adobe PDF(交互)：这类 PDF 文档包含如书签、音视频、超链接和交叉引用等交互式功能，一般用于数字出版产品形式发布，如电子书等，或被发布至网络。

②Adobe PDF(打印)：这类 PDF 文档是最为常见的适用于打印的文档，主要用于纸质形式产品发布。

③XML(可扩展标记语言)：它是一种结构化数据。把 InDesign 中的文件导出成 XML 格式，非常适合排版工作者进行进一步的规范化操作，适用对象如有固定排版格式的学术期刊等。

④HTML(超文本标记语言)：这种形式下的产品主要用于网络发布，排版工作者也可以将 HTML 格式下的文件放在 Dreamweaver 中进行进一步操作。

【实验步骤】

11.4.1　长内容文件打包

①打开 InDesign CS6，单击打开目标文件。

②单击菜单栏“文件”—“打包”，弹出文本框，如图 11-36 所示。

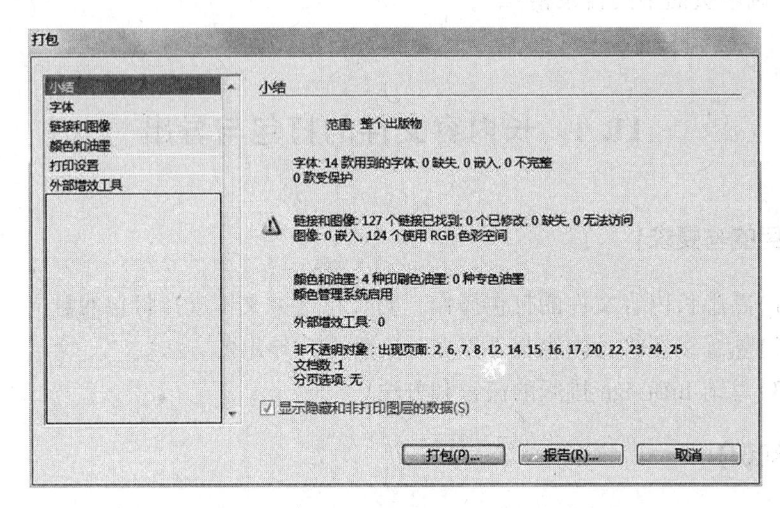

图 11-36　文件打包

③在小结中，读者可以全面考察文件是否有字体缺失、是否有图像无法显示链接以及文件的色彩属性等。同时，InDesign 还为读者提供了字体、图像、颜色等子页面，如图 11-37、图 11-38、图 11-39、图 11-40 和图 11-41 所示。

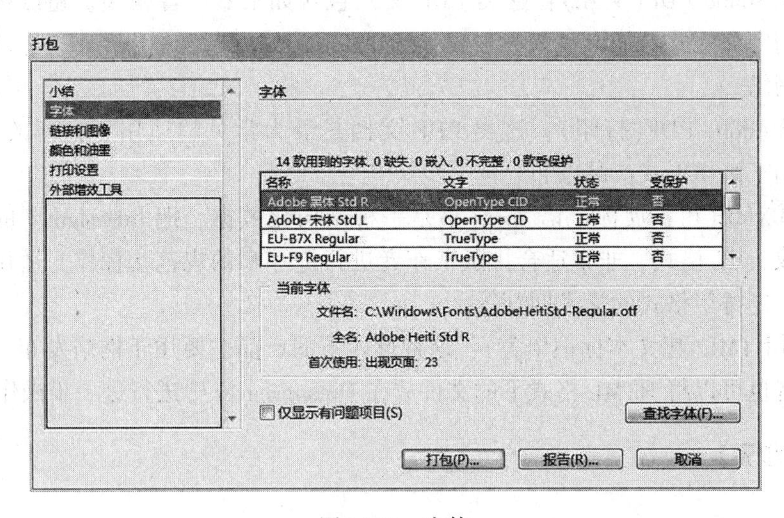

图 11-37　字体

如果有字体缺失或字体处于受保护状态，那么字体页面上会出现警告标志，并指向问题字体。同时，读者还可以单击某一字体，点击“查找字体”按钮，对该字体进行替换操作。

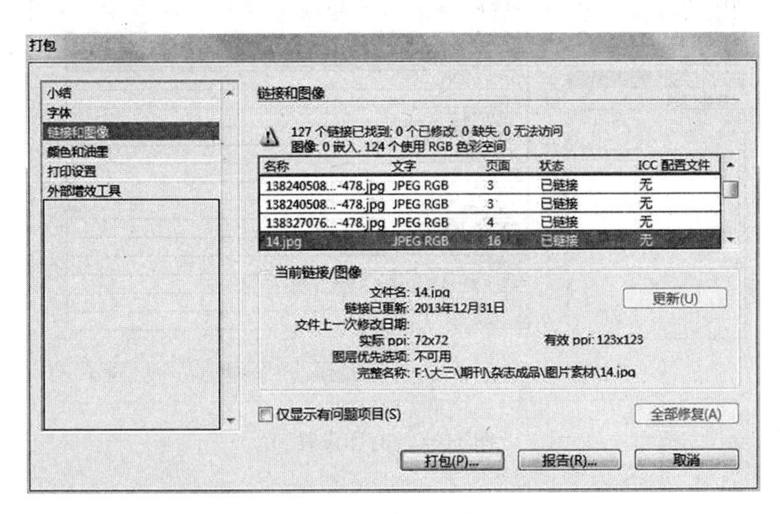

图 11-38　链接和图像

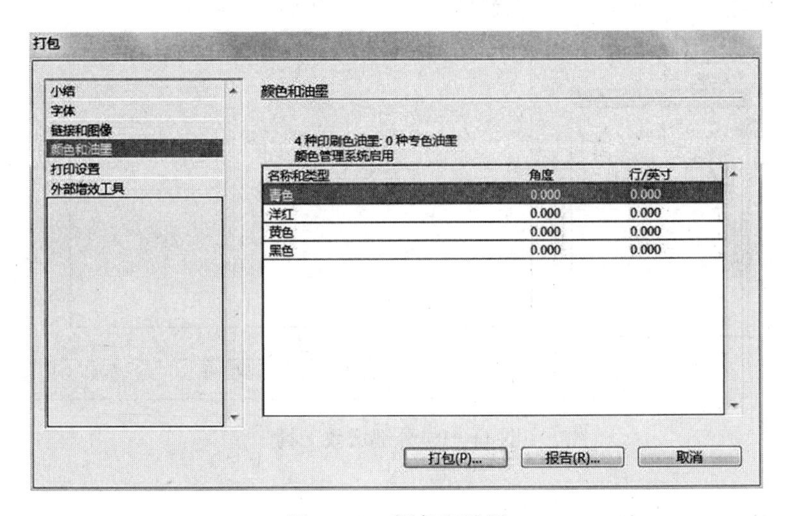

图 11-39　颜色和油墨

对于状态处于“缺失”或其他非正常状态的图像，InDesign 提供“重新链接”或者“更新”的选择，读者也可以单击“全部修复”对所有出现问题的图像进行修改。

在各子页面中，读者可以勾选“仅显示有问题项目”，来获知是否有问题

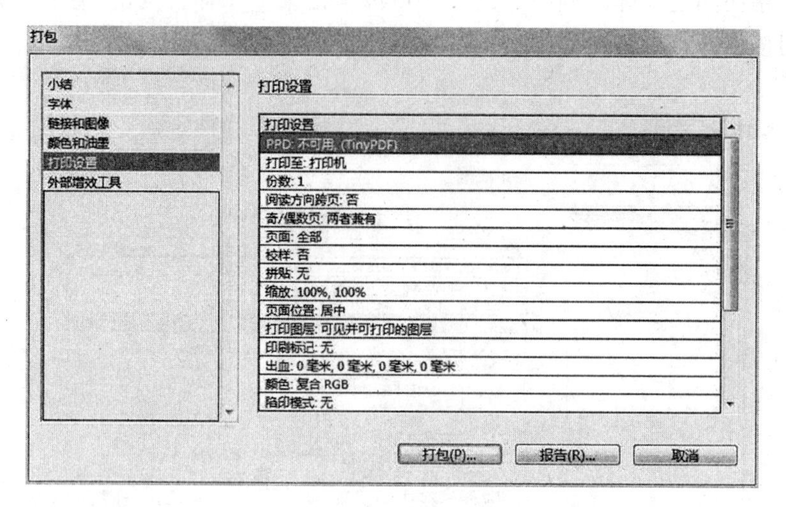

图 11-40　打印设置

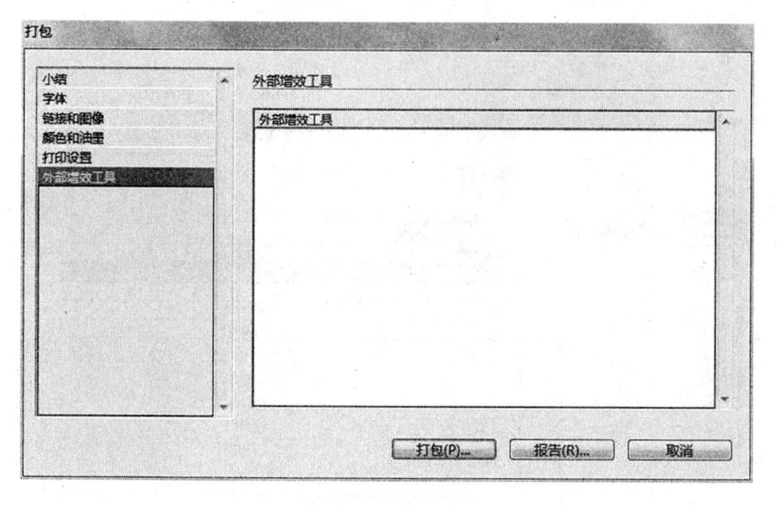

图 11-41　外部增效工具

项目出现。

④在各项检查完成后，读者若点击“报告”，则会生成一份 txt 文件，将文本框中的所有检验结果呈现出来，如图 11-42 所示。

⑤若读者不需要这份报告，可在检验完成后，直接单击“打包”。首先会弹出一个“打印说明”，如图 11-43 所示。

读者可以自行键入相关信息，便于日后将文件交付后，与对方进行联系。

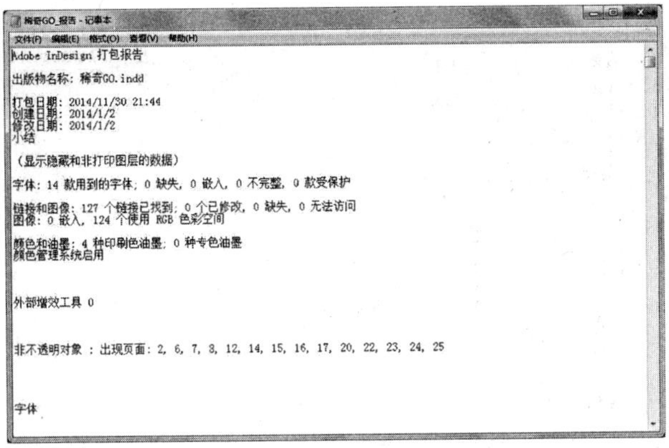

稀奇GO_报告 - 记事本
文件(F) 编辑(E) 格式(O) 查看(V) 帮助(H)

Adobe InDesign 打包报告

出版物名称：稀奇GO.indd

打包日期：2014/11/30 21:44
创建日期：2014/1/2
修改日期：2014/1/2
小结

（显示隐藏和非打印图层的数据）

字体：14 款用到的字体；0 缺失，0 嵌入，0 不完整，0 款受保护

链接和图像：127 个链接已找到；0 个已修改，0 缺失，0 无法访问
图像：0 嵌入，124 个使用 RGB 色彩空间

颜色和油墨：4 种印刷色油墨；0 种专色油墨
颜色管理系统启用

外部增效工具 0

非不透明对象 ：出现页面：2, 6, 7, 8, 12, 14, 15, 16, 17, 20, 22, 23, 24, 25

字体

图 11-42 报告

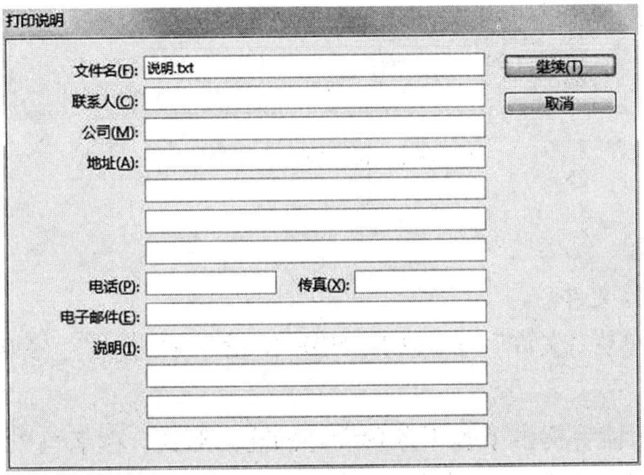

打印说明

文件名(F)：说明.txt
联系人(C)：
公司(M)：
地址(A)：
电话(P)： 传真(X)：
电子邮件(E)：
说明(I)：
继续(T)
取消

图 11-43 打印说明

⑥单击“继续”，弹出“打包出版物”文本框，选择文件存储位置，并勾选“复制字体(CJK 除外)”“复制链接图形”和“更新包中的图形链接”，如图11-44所示，单击“打包”。

⑦打包成功后，在文件目录下显示，所有相关文件被存储在一个文件夹中。

11.4.2 长文件内容的导出

本节主要介绍将 InDesign 文件导出为 Adobe PDF(打印)格式，其他形式读

图 11-44　打包出版物

者可以自行试验。

①打开目标文件。

②单击菜单栏"文件"→"Adobe PDF 预设"→"定义"，弹出文本框如图 11-45所示。

InDesign 为读者提供了若干种预设好的输出形式，读者可以根据具体的需求选择相应的格式，还可以单击"编辑"按钮对这些预设的形式进行个性化设置。

③读者还可以新建一种输出 PDF 形式，单击图 11-45 中"新建"按钮，弹出文本框，如图 11-46 所示。

在这几个页面中，读者设置输出的品质、出血、标记等，并重新命名该预设，以形成自己的风格，用于日后的排版工作中。

④选择预设好的"高品质打印"形式。单击菜单栏"文件"→"导出"，弹出文本框如图 11-47 所示。

⑤选择存储路径，编辑文件名，单击"保存"，该文件即被成功导出为 Adobe PDF(打印)格式文件。

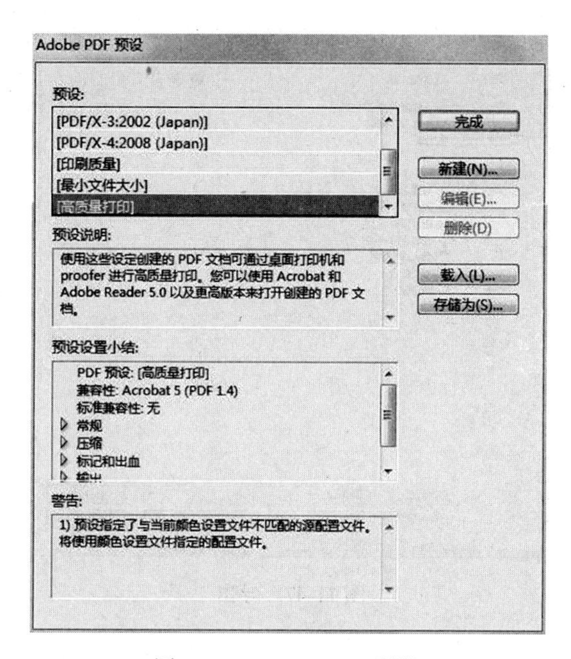

图 11-45 Adobe PDF 预设

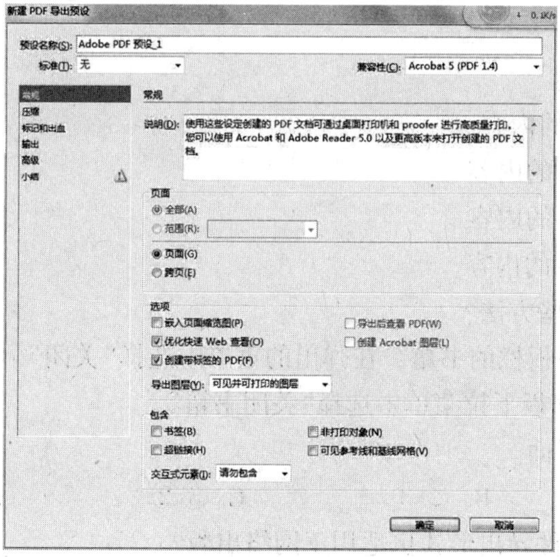

图 11-46 新建

图 11-47　导出

一、选择题

1. 什么是长内容？（　　）

A. 超过 50 页的内容

B. 超过 100 页的内容

C. 超过 150 页的内容

D. 超过 200 页的内容

2. 关闭书籍有哪些方法？（　　）

① 右键单击面板栏的书籍，在弹出的菜单中选择“关闭”。

② 在“书籍”面板下拉菜单中选择“关闭书籍”。

③ 直接关闭页面。

A. ①③　　B. ②③　　C. ③②　　D. ①②

3. 下列哪一种文件导出形式更适用于网络出版？（　　）

A. Adobe PDF　　B. Adobe PDF　　C. XML　　D. HTML

4. 在一个多页面的文档中，使用哪一个快捷键可以同时选择多个页面？（　　）

A. Shift　　B. Alt　　C. Ctrl　　D. Shift+Alt

5. 选择下列哪个选项可以同时调整面板的“页面”和“主页”部分？（　　）

A. “按比例”选项　　B. “页面固定”选项

C. “主页固定”选项　　D. “页面在上”选项

二、简答题

1. 文件打包的意义是什么？

2. 长内容的设置，对管理整个排版工作有什么好处？

参考答案

一、单选题

1. B　　2. D　　3. D　　4. A　　5. A

二、简答题

1. 有利于排版工作者整理分散在电脑各处的链接、图像和字体等辅助资料，提高日后查找这些资料的工作效率。同时，打包功能还能帮助检测文件中可能出现的错误，避免排版工作者在文件导出后还要进行返工等一系列麻烦。

2. 引入“长内容”后，排版工作者可以将所有内容分成几个部分，分配给独立的设计师进行操作，也不必过于担心如电脑死机等问题，因为受影响的将是一小部分文档，还能够及时补救。

4. 在一个[illegible]中[illegible]可以同时选择多个页面的（ ）

A. Shift　　B. Alt　　C. Ctrl　　D. Shift+Alt

5. [illegible]（ ）

A. [illegible]　　B. [illegible]

C. [illegible]　　D. [illegible]

二、简答题

1. 设计项目的意义是什么？

2. [illegible]

参考答案

一、单选题

1. B　2. D　3. D　4. A

二、简答题

1. [illegible]

2. [illegible]

图书情报与信息管理实验教材

司　莉　　信息组织实验教程

吴　丹　　信息描述实验教程

肖秋会　　档案信息组织与检索实验教程

许　洁　　排版软件应用教程

严炜炜　　商务管理决策模型与技术试验教程

袁小群　　数字出版物设计与制作

赵蓉英　　信息计量分析工具理论与实践

吴志强　　高级语言程序设计实验教程

陆颖隽　　数据库原理与应用实验教程

黄如花　　信息检索实验教程

王　林　　信息系统分析与设计（课程设计）

王　平　　多媒体技术应用实验教程

姜婷婷　　信息构建实验

孙永强　　社会调查与统计分析实验

张　敏　　电子供应链理论与实践